Karl Hennermann

Kartographie und GIS

Karl Hennermann

# Kartographie und GIS

## Eine Einführung

Die Deutsche Nationalbibliothek verzeichnet diese Publikation
in der Deutschen Nationalbibliografie;
detaillierte bibliografische Daten sind im Internet über
http://dnb.d-nb.de abrufbar.


Die Herausgabe des Werkes wurde durch
die Vereinsmitglieder der WBG ermöglicht.
Redaktion: Katrin Kurten
Satz: Lichtsatz Michael Glaese GmbH, Hemsbach
Einbandgestaltung: schreiberVIS, Seeheim
Gedruckt auf säurefreiem und alterungsbeständigem Papier
Printed in Germany

**Besuchen Sie uns im Internet: www.wbg-darmstadt.de**

ISBN-13: 978-3-534-19692-0
ISBN-10: 3-534-19692-9

# Inhalt


Vorwort . . . . . . . . . . . . . . . . . . . . . . . . . . . . . VII

Bildnachweise und Warenzeichen . . . . . . . . . . . . . . . . . . VIII

1 Hinweise und Vorbereitung . . . . . . . . . . . . . . . . . . . . 1

2 Karten als Abbildung von Realität . . . . . . . . . . . . . . . . 3
2.1 Eigenschaften von Karten . . . . . . . . . . . . . . . . . . 3
2.2 Kartographie, Geographie und Geodäsie . . . . . . . . . . 11
2.3 Bausteine des Kartenblattes . . . . . . . . . . . . . . . . 12

3 Topographische Karten . . . . . . . . . . . . . . . . . . . . . . 14
3.1 Arten und Inhalte topographischer Karten . . . . . . . . . 14
3.2 Das Koordinatennetz auf TK . . . . . . . . . . . . . . . . 19

4 Thematische Karten und Sonderformen . . . . . . . . . . . . . 25
4.1 Thematische Karten . . . . . . . . . . . . . . . . . . . . . 25
4.2 Sonderformen von Karten . . . . . . . . . . . . . . . . . . 29

5 Lesen und Interpretieren thematischer Karten . . . . . . . . . . 31

6 Geodaten als Abbildung der Realität . . . . . . . . . . . . . . . 36
6.1 Räumliche Beschreibungen . . . . . . . . . . . . . . . . . 36
6.2 Statistische Beschreibungen . . . . . . . . . . . . . . . . 41

7 Erfassung von Geodaten: Eine eigene Kartierung . . . . . . . . . 47

8 Speichern von Geodaten . . . . . . . . . . . . . . . . . . . . . 58
8.1 ArcCatalog: Geodatenbanken in ArcGIS . . . . . . . . . . 58
8.2 Datenbankmodelle für Geodaten . . . . . . . . . . . . . . 61

9 Anlegen einer Geodatenbank mit ArcGIS . . . . . . . . . . . . 70

10 Bearbeiten von Datenbankinhalten mit ArcGIS . . . . . . . . . 73
10.1 Eintragen von Geodaten . . . . . . . . . . . . . . . . . . 73
10.2 Eintragen von Sachdaten . . . . . . . . . . . . . . . . . . 78

11 Lagebestimmung auf der Erde: Geographische Koordinatensysteme . . . . . . . . . . . . . . . . . . . . . . . . . . . . 83
11.1 Die Form der Erde . . . . . . . . . . . . . . . . . . . . . 83
11.2 Koordinaten auf dem Sphäroid . . . . . . . . . . . . . . . 86
11.3 Geographische Koordinatensysteme in ArcGIS . . . . . . 90

12 Lagebestimmung in der Karte: Projizierte Koordinatensysteme . 93
12.1 Vom Sphäroid in die Ebene: Die Projektion . . . . . . . . . 93
12.2 Zweidimensionale Koordinatensysteme . . . . . . . . . . 100
12.3 Das UTM-System der amtlichen TK . . . . . . . . . . . . 102

13 Visualisieren mit ArcMap . . . . . . . . . . . . . . . . . . . . . . . 105
13.1 Grundlegende Funktionen . . . . . . . . . . . . . . . . . . 105
13.2 Signaturen (Symbology) . . . . . . . . . . . . . . . . . . . 111
13.3 Layout des Kartenblattes . . . . . . . . . . . . . . . . . . . 115

14 Kartendesign . . . . . . . . . . . . . . . . . . . . . . . . . . . . . 118

15 Sekundärdaten . . . . . . . . . . . . . . . . . . . . . . . . . . . . 126

16 Drucken und Exportieren von ArcMap-Karten . . . . . . . . . . 132

17 Zusammenfassung: Die Verarbeitung von Geodaten . . . . . . 135

Literatur . . . . . . . . . . . . . . . . . . . . . . . . . . . . . . . . . 139

Register . . . . . . . . . . . . . . . . . . . . . . . . . . . . . . . . . 141

# Vorwort

Das vorliegende Buch richtet sich an Studierende und Praktiker der Geowissenschaften, aber auch anderer Fachrichtungen, die raumbezogene Daten verarbeiten und in Karten darstellen wollen. Für diese Zielgruppen stehen Datenverarbeitung und Kartographie nicht im Mittelpunkt des Interesses, sondern sind ein bloßes Hilfsmittel im Rahmen fachspezifischer Fragestellungen. Diesem Anspruch wollen wir Rechnung tragen, indem wir vor allem praktische Verfahren und Arbeitsweisen behandeln, den theoretischen Hintergründen räumen wir wenig Stellenwert ein. Mit diesem Ansatz glauben wir zum einen den Bedürfnissen professioneller Anwender entgegenzukommen, zum anderen sind damit rasch sichtbare Lernerfolge zu erzielen, was sich in der Ausbildungspraxis als motivierend erwiesen hat.

Wir betrachten Karten als Informationsprodukte, welche immer in einem bestimmten Nutzungskontext stehen. Kern der Kartographie im Sinne dieses Buches ist daher die Erfassung und Verarbeitung von (Geo-)Informationen. Wir beanspruchen ausdrücklich nicht, alle Aspekte der Kartographie abzudecken, sondern wollen vor allem einen Einblick in die raumbezogene Datenverarbeitung bieten, mit Bereichen wie der graphischen Gestaltung von Karten oder den mathematischen Grundlagen der Kartographie beschäftigen wir uns nur am Rande.

Heute sind Geo-Informationssysteme (GIS) aus der effizienten Verarbeitung raumbezogener Daten nicht mehr wegzudenken, und auch die manuelle Kartographie wurde weitgehend von IT/GIS-gestützten Verfahren abgelöst. Daher erörtern wir viele Verfahren anhand praktischer Übungen mit der weit verbreiteten GIS-Software ESRI ArcView 9.

In fachlicher Hinsicht orientieren sich die Ausführungen vor allem an wirtschafts- und sozialwissenschaftlichen Themen, sind aber auf naturwissenschaftliche Fragestellungen übertragbar.

# Bildnachweise und Warenzeichen

Kartengrundlagen zu Abb. 2-2, 2-9, 3-3, 3-4: Topographische Karte 1:25000, Topographische Karte 1:50000, Topographische Karte 1:100000; Wiedergabe mit Genehmigung des Landesamt für Vermessung und Geoinformation München, 2005

Kartengrundlagen zu Abb. 3-2: Landesamt für Kataster-, Vermessungs- und Kartenwesen (LKVK) Saarland, Wiedergabe mit Genehmigung des LKVK, 2005

Saarland
LKVK • Landesamt für Kataster-, Vermessungs- und Kartenwesen

Abb. 4-10: Bayer. Staatsministerium für Landesentwicklung und Umweltfragen (Hrsg.) (1994): Landesentwicklungsprogramm Bayern

Abb. 7-1: Nutzungsgenehmigung des Vermessungsamt München vom 13. 12. 2005

ESRI, ArcGIS, ArcView, ArcInfo, ArcIMS und ArcSDE sind eingetragene Warenzeichen von ESRI Inc.

Microsoft, Windows, MS Office, MS Excel und MS Access sind eingetragene Warenzeichen von Microsoft Corporation.

# 1 Hinweise und Vorbereitung

Hintergrund

Dieses Buch entstand aus der Lehrveranstaltung „Kartographie" am Institut für Wirtschaftsgeographie der LMU München. Daher ist es für den Einsatz im Rahmen eines Kartographie-Kurses konzipiert, wie ihn z. B. Studierende der Geographie in den ersten Studiensemestern absolvieren.

Natürlich kann das Buch auch im Selbststudium durchgearbeitet werden, hierfür ist ein zeitlicher Aufwand von ein bis zwei Wochen zu veranschlagen.

Die ersten Kapitel (Kap. 2-5) konzentrieren sich auf den Umgang mit Karten, die folgenden mit geographischer Datenverarbeitung. Dies führt zwar zu einigen Redundanzen, erlaubt jedoch, beide Teile getrennt voneinander zu bearbeiten.

Noch ein Hinweis zum Layout:

> Kernaussagen sind, wie dieser Text, in Rahmen gefasst. Für die Arbeiten am PC sind Menübefehle, Dateinamen, etc. als **File > Save** gelayoutet.

Lernziele

Kompetenter Umgang mit raumbezogenen Informationen beinhaltet drei Fähigkeiten, bei deren Erlernen Ihnen dieses Buch helfen soll:

- Strukturiertes Lesen und Interpretieren von Karten
- Sammeln und Verarbeiten raumbezogener Daten
- Erstellung Thematischer Karten aus raumbezogenen Daten

Materialien

Dieses Buch bietet eine praxisnahe Einführung, als stärker theoretisch orientierte Lehrbücher empfehlen wir:

- Hake et al. (2002): das Standardwerk zur Kartographie, sehr umfangreich und detailliert
- Arnberger (1997): eine hervorragende Einführung in die thematische Kartographie
- Kraak und Ormeling (2002): ein hervorragendes Kartographie-Buch in englischer Sprache
- Jones (1997): ebenfalls englischsprachig, mit stärkerem Fokus auf GIS

Falls Sie Karten als Anschauungsmaterial benötigen, finden Sie in vielen öffentlichen Bibliotheken umfangreiche Karten- und Atlantensammlungen.

Grundlegende Kenntnisse zu MS Office vermittelt Jaros-Sturhahn et al. (2003), für einen Einstig in die (Wirtschafts-)Informatik empfehlen wir Stahlknecht und Hasenkamp (2004).

Übungsaufgaben

Zu den meisten Kapiteln sind Übungsaufgaben verfügbar, diese finden Sie, zusammen mit den dafür benötigten Daten, unter www.hennermann.net. Wir empfehlen, diese Aufgaben durchzuarbeiten, nur so ist ein Lernerfolg sichergestellt.

ArcView 9

Für die Arbeiten am PC benötigen Sie die Software ArcView 9. Diese ist an den meisten Hochschulen vorhanden. Sollten Sie keinen Zugang zu

ArcView 9 haben, können Sie eine zeitlich befristete Testversion von ESRI Geoinformatik (www.esri-germany.de) erhalten.

Hilfe

Bei den praktischen Arbeiten setzen wir Grundkenntnisse im Umgang mit dem PC voraus. Bei Problemen mit der Software sollten Sie als erste Anlaufstelle die eingebaute Hilfefunktion nutzen. MS Office und ArcView beinhalten ausführliche und gut strukturierte Hilfetexte.

Vorarbeiten

Um die Erläuterungen im Verlauf des Buches nachzuvollziehen und die Übungsaufgaben durchzuführen, sollten Sie ein Exemplar der Topographischen Karte 1 : 25 000 Bayern, Blatt 6939 (Donaustauf) besitzen, dies ist im Buchhandel für ca. 6 € erhältlich.

Bevor Sie im Zusammenhang mit diesem Buch am PC arbeiten, erstellen Sie eine Sicherungskopie Ihrer Daten. Sollten durch die in diesem Buch verfügbaren Anleitungen Schäden entstehen, lehnt der Verfasser jegliche Gewährleistung für diese Schäden ab. Nachdem Sie ihre Daten gesichert haben, installieren Sie, sofern notwendig, ArcView 9 auf Ihrem PC.

Laden Sie von www.hennermann.net die Übungsaufgaben und -daten herunter. Sofern Sie über ein persönliches LAN-Laufwerk (z. B. **M:**) verfügen, speichern Sie die Daten dort **(M: \ Kartographie)**, andernfalls in **Eigene Dateien \ Kartographie**.

# 2 Karten als Abbildung von Realität

## 2.1 Eigenschaften von Karten

Beispiele

Was ist das besondere an Karten, was unterscheidet sie von anderen graphischen Darstellungen? Um diese Frage zu beantworten, betrachten Sie folgende Abbildungen. Alle haben im weitesten Sinne Ähnlichkeit mit Karten.

Abbildung 2-1: Globus

Zu Abbildung 2-1: Von einer Karte erwarten wir, dass sie die Erde in einer zweidimensionalen Ebene *(„verebnet")* darstellt. Ein Globus stellt die Erde dreidimensional dar und ist daher keine Karte.

Bei Abbildung 2-2 handelt es sich um ein Luftbild[1]. Dieses bildet die Realität in allen Details ab. In einer Karte hingegen ist die reale Situation immer *generalisiert* (vereinfacht) dargestellt. Eine Sonderform sind Luftbildkarten (Luftbilder, die mit kartenähnlichen Inhalten, z. B. Höhenlinien, versehen sind).

Abbildung 2-3 zeigt ein Stadtstrukturmodell. Dabei handelt es sich um die Darstellung einer idealtypischen Stadt, die in der Realität nicht vor-

1 Ein Luftbild ist eine fotografische Abbildung, die i. d. R. von einem Flugzeug aus angefertigt wurde und einen Teil der Erdoberfläche verkleinert und naturgetreu wiedergibt. Je nach Aufnahmewinkel unterscheidet man Schräg- von Senkrechtaufnahmen. Luftbilder sind gegenüber der Realität verzerrt, können aber mit technischen Verfahren entzerrt werden (Orthophotos). Luftbilder dienen a. E. zur Herstellung topographischer Karten, hierfür ist jedoch ein aufwendiges Verfahren notwendig (Photogrammetrie).

Abbildung 2-2: Luftbild

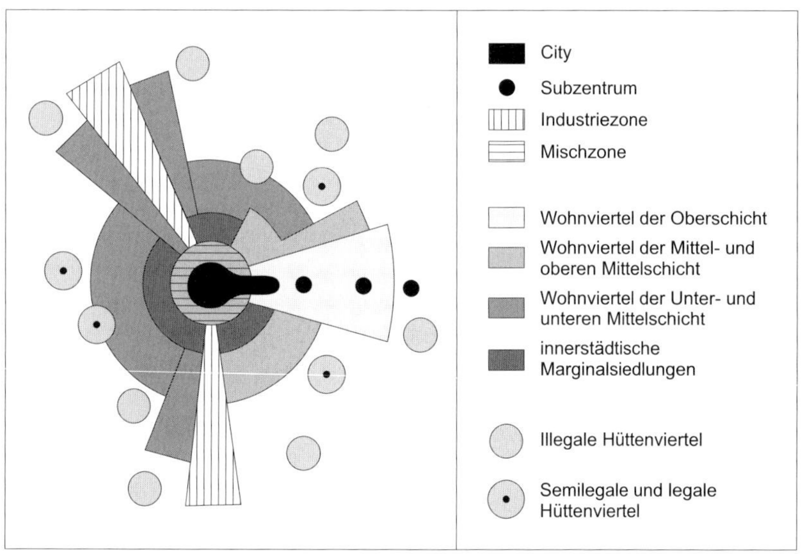


Abbildung 2-3: Modell der lateinamerikanischen Großstadt

kommt. Eine Karte hingegen stellt immer einen *Ausschnitt der realen Erdoberfläche* dar.

Die Darstellung in Abbildung 2-4 beschreibt die räumliche Lage eines bestimmten, besonders hervorgehobenen Objekts. Eine derartige Darstellung bezeichnet man als Topogramm. Während wir bei Karten eine detail-

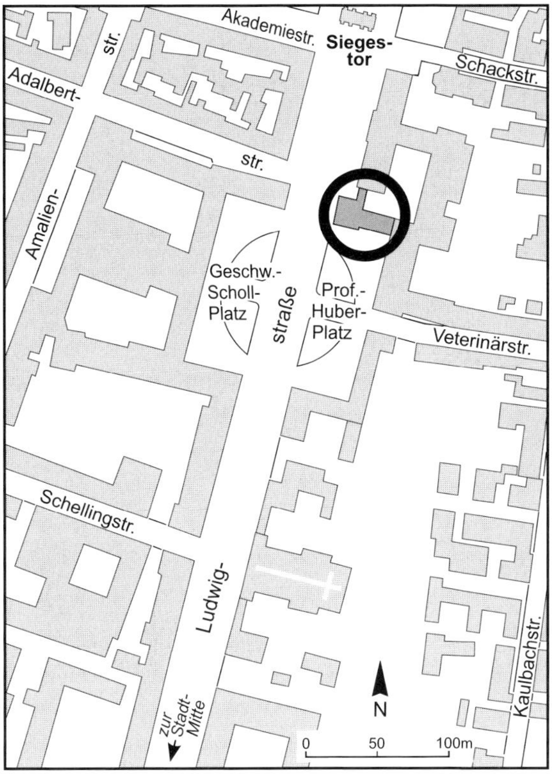


Abbildung 2-4:
Lage des Instituts für Wirtschaftsgeographie in München

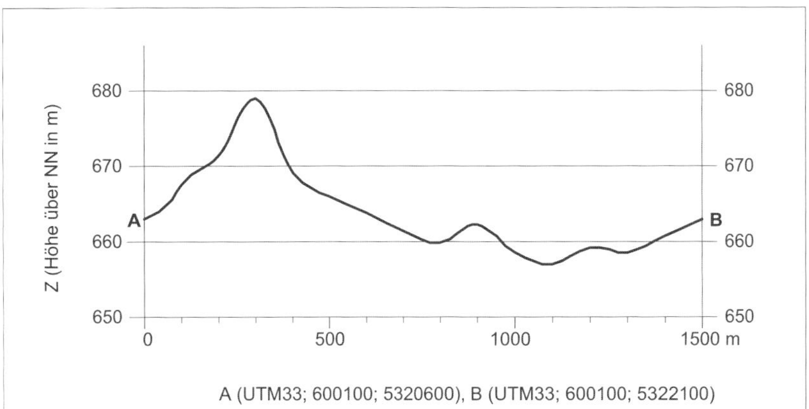


Abbildung 2-5:
Profil

lierte *Erläuterung* (Legende) erwarten, ist eine solche bei Topogrammen häufig nicht vorhanden. Trotzdem lassen sich Topogramme im weitesten Sinne zu den Karten zählen.

Bei Abbildung 2-5 handelt es sich um ein Geländeprofil, also um die Abbildung eines senkrecht zur Erdoberfläche ausgeführten Schnittes[2]. Eine

2 Im Profil werden die Höhenverhältnisse zur besseren Anschaulichkeit überhöht, d. h. der Höhenmaßstab ist größer als der Längenmaßstab. Eine Sonderform ist das dreidimensionale Relief (sog. Blockbild).

Karte hingegen stellt eine Situation immer im *Grundriss* dar, daher zählen Profile nicht zu den Karten.

Mit den hier gesammelten Charakteristika können wir den Begriff „Karte" definieren.

Definition: Karte

> Eine Karte ist eine maßstäbig verkleinerte, verebnete, im Grundriss dargestellte, generalisierte und erläuterte Abbildung eines Teiles oder der gesamten Erde, anderer Weltkörper und des Weltraumes.

Manche der gezeigten Beispiele weisen einige, aber nicht alle Merkmale der Kartendefinition auf. Diese Darstellungen bezeichnen wir als kartenverwandte Darstellungen. Hierzu gehören Globus, Luftbild, Geländeprofil, etc.

Begriff

Der deutsche Begriff „Karte" entstand aus dem lateinischen *charta* (Urkunde), da seit dem Altertum Karten zur Dokumentation von Grundbesitz verwendet wurden. Im deutschen bezeichnen wir großmaßstäbige Karten (bis ca. 1:5000) als Pläne, im englischen unterscheidet man die Begriffe *map* (Landkarte) und *chart* (Navigationskarten für die See- und Luftfahrt).

Im Folgenden gehen wir nochmals detailliert auf die Definitionsmerkmale von Karten ein.

Kartenmaßstab

> Der Kartenmaßstab M ist das Längenverhältnis einer Strecke in der Karte zu der entsprechenden Strecke in der Natur.

Es gilt also:

$$M = L' : L$$

mit

M = Kartenmaßstab
L' = Kartenstrecke
L = Naturstrecke

Zur besseren Lesbarkeit wird der Kartenmaßstab umgeformt, so dass eine eins in Zähler steht:

$$M = 1 : (L : L')$$

Der Term (L : L') stellt den Verkleinerungsfaktor dar und heißt Maßstabszahl m:

$$M = 1 : m$$

Beim Maßstab ist zu beachten:

Ein großer Maßstab entspricht einer kleinen Maßstabszahl (z. B. 1:1000), ein kleiner Maßstab entspricht einer großen Maßstabszahl (z. B. 1:100000)

Der Kartenmaßstab bezieht sich nur auf Strecken. Die Flächenverhältnisse ändern sich im Quadrat der Maßstabszahl.

Man würde erwarten, dass ein Kartenmaßstab über die gesamte Karte hinweg einheitlich ist. Diese Anforderung bezeichnet man als Längentreue. Leider entstehen beim Abbilden der Erdkugel auf eine zweidimensionale Fläche immer Verzerrungen, daher ist absolute Längentreue niemals möglich. So sind die in Abbildung 2-6 unterschiedlich langen Strecken AB und CD in der Realität gleich lang, innerhalb der Karte existieren also verschiedene Maßstäbe. Durch eine geeignete Projektion lässt sich diese Verzerrung jedoch reduzieren.

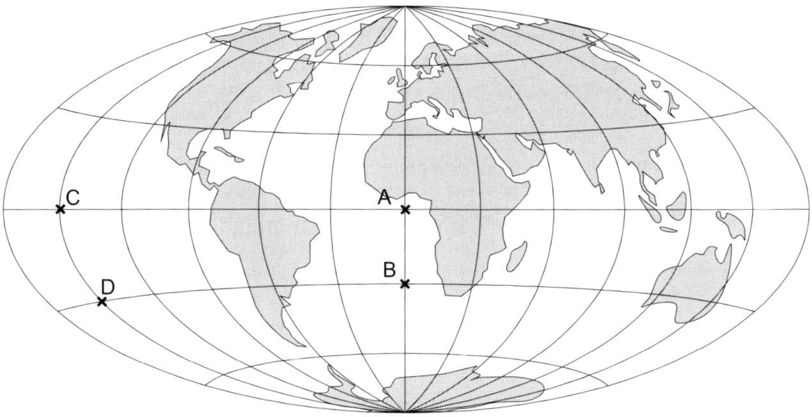


(hier verwendete Projektion: Hammer-Aitoff)

Abbildung 2-6: Maßstab variiert innerhalb der Karte

Verebnung

Eine Karte ist immer auf einem zweidimensionalen Medium (Papier, Bildschirm) dargestellt. Die dreidimensionalen Geländeformen können dabei durch Hilfsmittel wie z. B. Höhenlinien (Isohypsen), Höhenpunkte oder Höhenschichten dargestellt werden (Abb. 2-7).

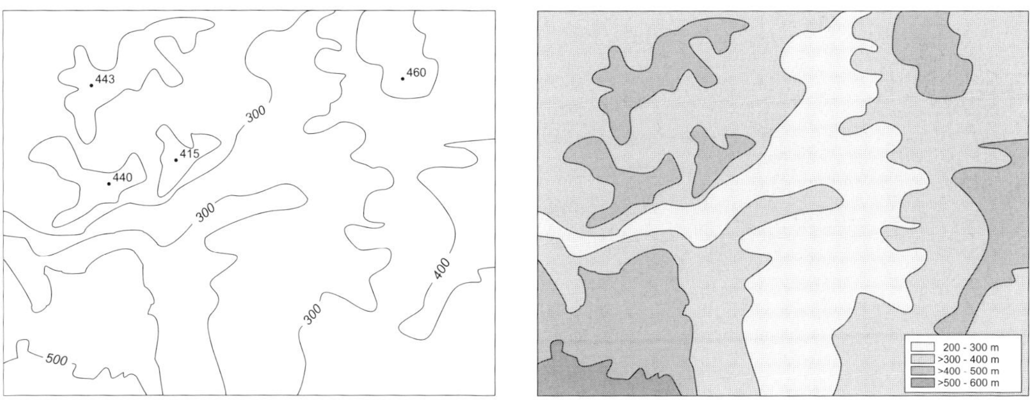


a) Höhenlinien und Höhenpunkte

b) Höhenschichten

Abbildung 2-7: Darstellung von Geländeformen

Grundrissdarstellung

Eine Karte ist immer eine Abbildung aus der Lotrechten, Schrägansichten sind hingegen keine Karten im engeren Sinne.

Durch die Grundrissdarstellung kann die Karte nur Distanzen in einer Ebene (Horizontalstrecke) darstellen, Steigungen und Gefälle werden nicht berücksichtigt. Im geneigten Gelände ist daher die Kartenstrecke immer kürzer als die Naturstrecke.

Die reale Länge geneigter Geländestrecken lässt sich aus der Horizontalstrecke und dem Hangneigungswinkel bzw. dem Höhenunterschied berechnen (Abb. 2-8).

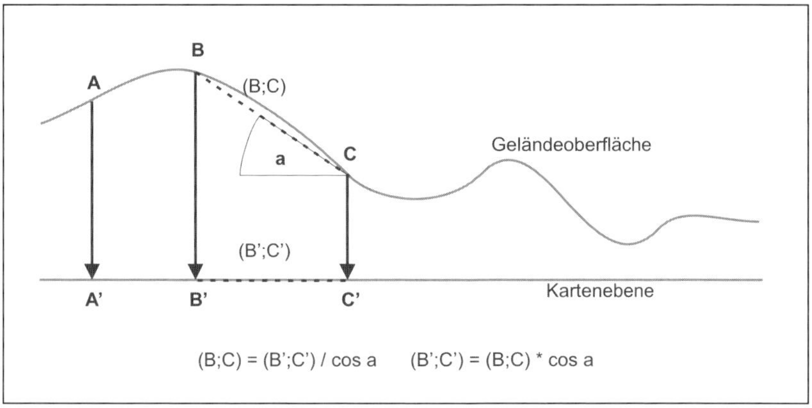


Abbildung 2-8: Abbildung als Grundriss

Die Grundrissdarstellung hat nichts mit der Verebnung (s. o.) zu tun. So entsteht z. B. bei einem Schrägluftbild eine Verebnung (eine Abbildung auf ein zweidimensionales Medium), aber keine Grundrissdarstellung.

Generalisierung

„Generalisierung" bezeichnet die vereinfachte Wiedergabe der Wirklichkeit im Kartenbild. Sie ist notwendig, um die Realität auf der begrenzten Fläche des Kartenblattes abbilden zu können. So können bei 1 : 1 Mio. einzelne Gebäude nicht mehr maßstabsgetreu dargestellt werden, man stellt dann z. B. nur noch eine Siedlungsfläche dar. Andere Informationen müssen hervorgehoben werden, z. B. die Breite von Straßen (Abb. 2-9).

Abbildung 2-9: Verschiedene Generalisierungsstufen

Als Generalisierung bezeichnet man die zweckmäßige Auswahl und Vereinfachung der darzustellenden Objekte nach ihrer Wichtigkeit und Wertigkeit für den jeweiligen Kartenzweck.

In jeder Karte finden wir zwei Arten der Generalisierung, die geometrische und die inhaltliche Generalisierung.

Eine geometrische Generalisierung ist notwendig, da die absolut genaue Darstellung der Lage und Form von Objekten meist nicht möglich oder nicht sinnvoll ist. Daher werden Objekte erst ab einer bestimmten Mindestgröße dargestellt oder kleinere Objekte zusammengefasst. So werden z. B. in der Topographischen Karte die Gebäude nur ab einer bestimmten Mindestgrundfläche dargestellt oder in einer Weltkarte die Verläufe der Staatsgrenzen stark vereinfacht.

Das Maß der geometrischen Generalisierung ist abhängig vom

- Kartenmaßstab, da sehr kleine Elemente (ca. < 0,1 mm) aus technischen Gründen nicht gedruckt werden können, sowie vom
- gewünschten Detailgrad der Karte. Der Kartograph legt fest, ab welcher realen Größe Elemente auf der Karte nicht mehr maßstäblich sondern generalisiert dargestellt werden.

Es existiert keine verbindliche Vorgabe, wie stark in einer Karte generalisiert werden soll. Als Entscheidungshilfe kann jedoch folgende Formel herangezogen werden:

$$m = D : d$$

Dabei gilt:

m = Maßstabszahl (nicht Maßstab!)

D = reale Größe des kleinsten, in der Karte als Einzelobjekt dargestellten realen Objekts (Entität). Dieses Objekt ist also die kleinste, individuell zu kartierende Entität. Es wird daher auch als Minimum Mapping Unit (MMU) bezeichnet.

d = Größe des kleinsten als Einzelobjekt dargestellten Elements in der Karte (Kantenlänge oder Durchmesser bei flächenhaften Elementen, Streckenlänge bei linearen Elementen)

Ein Beispiel: Sie wollen eine Karte der Stadt München im Maßstab 1 : 25 000 erstellen und bestimmen, dass darauf nur Elemente größer 0,5 mm dargestellt werden sollen. Sie brauchen also nur Elemente zu berücksichtigen, die real mindestens 0,5 mm × 25 000 = 12 500 mm ( = 12,5 m) groß sind (Kantenlänge).

Umgekehrt könnten Sie auch festlegen, dass Sie Elemente ab einer realen Größe von 50 m erfassen wollen, diese wollen Sie in der Karte 2 mm groß darstellen. Mit obiger Formel können Sie die notwendige Maßstabszahl errechnen: m = D : d = 50 000 mm : 2 mm = 25 000

Als Faustregel zur geometrischen Generalisierung gilt:

- Alle in der Realität gleichartigen Entitäten müssen in der Karte gleichartig generalisiert werden. Sie sollten also nicht bei drei flächenmäßig gleich großen Siedlungen in der ersten alle Gebäude darstellen, in der zweiten die Siedlungsfläche und die dritte nur als Siedlungspunkt.
- Verschiedene Objektbereiche können verschieden stark generalisiert werden. So können Sie z. B. in einer hydrographischen Karte Gewässer schwach generalisieren, Siedlungen stark.

- Damit eine Karte nicht überladen ist, sollte sie keine Elemente enthalten, die weniger als 0,5 mm Kantenlänge aufweisen.

Neben der geometrischen Generalisierung können wir auch eine inhaltliche Generalisierung vornehmen (Klassifikation): Objekte einer Kategorie werden gleich dargestellt. So können alle Straßen einer Kategorie (z. B. Bundesstraßen) als gleich breite Linien dargestellt werden, unabhängig davon, ob diese Straßen in der Realität gleich breit sind. In einem anderen Fall können Siedlungen ab einer bestimmten Einwohnerzahl als „Großstädte" klassifiziert und gleich dargestellt werden, obwohl die tatsächlichen Einwohnerzahlen leicht unterschiedlich sind.

Jede Klassifikation muss erläutert werden, z. B. im Titel der Karte oder in der Legende.

Erläuterung

Durch die geometrische und inhaltliche Generalisierung kommt es zu einer Abstraktion der Darstellung gegenüber der Realität. Damit der Leser die Karte trotzdem richtig interpretieren kann, benötigt er eine entsprechende Erläuterung.

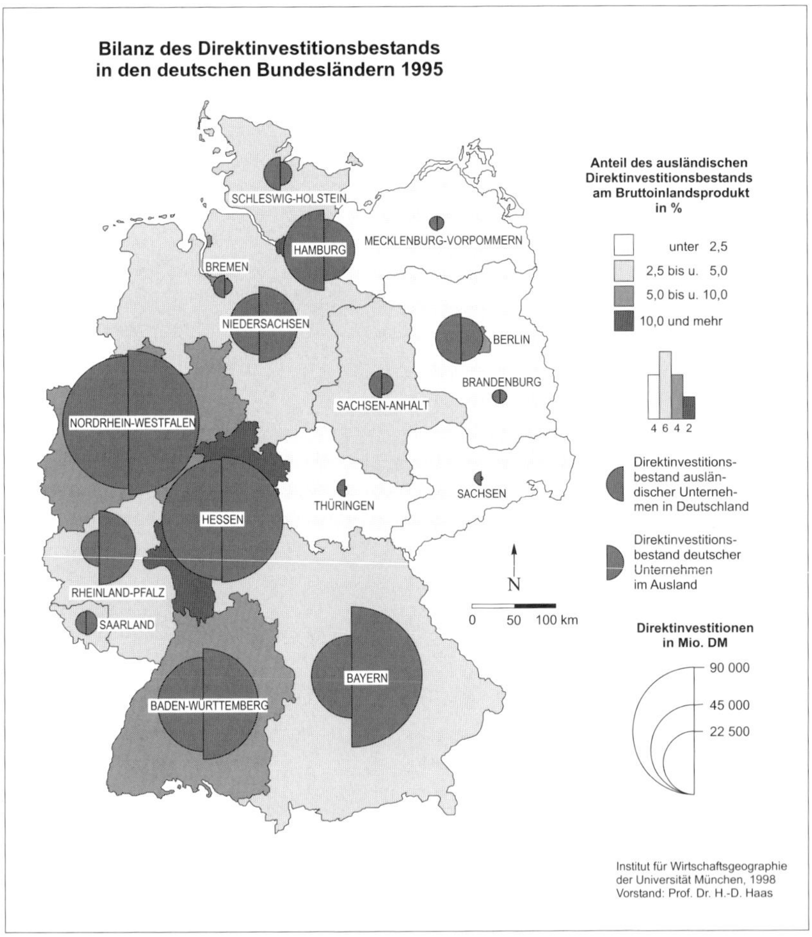


Abbildung 2-10: Thematische Karte mit Erläuterung

Zur Erläuterung gehören:

- Titel/Thema der Karte
- Zeichenerklärung (als Legende oder Text)
- Maßstabsangabe, falls der Maßstab einheitlich ist
- ggf. Richtungsangabe (Nordpfeil), Kartengitter, Koordinatennetz, weitere erläuternde Texte, etc.

Die Erläuterung sollte alle im Kartenbild vorkommenden graphischen Elemente erklären (Abb. 2-10). Hierzu gehören alle Symbole, Farben und bei manchen Karten auch Schriften. Nur Elemente, deren Bedeutung dem Leser offensichtlich ist, z. B. Staatsgrenzen bei Weltkarten, müssen nicht unbedingt erläutert werden.

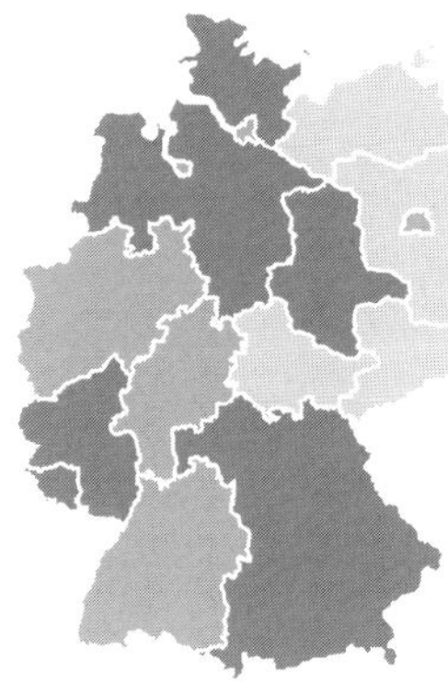

Abbildung 2-11: Karte ohne Erläuterung

Das folgende Beispiel (Abb. 2-11) zeigt eine Karte, wie sie oftmals zur Illustration verwendet wird: Die Flächenfärbung repräsentiert nicht thematische Inhalte, sondern dient nur als graphischer Effekt. In bestimmten Zusammenhängen kann eine derartige Gestaltung durchaus sinnvoll sein (z. B. Werbung), in wissenschaftlichen Publikationen ist sie jedoch irreführend und daher zu vermeiden.

Räumliche Abdeckung

Eine Karte stellt einen Ausschnitt des realen Raumes dar, in den Geowissenschaften handelt es sich dabei meist um Ausschnitte der Erdoberfläche oder um die gesamte Erdoberfläche.

Alternativen zu Karten

Es muss nicht immer eine Karte sein: Viele Sachverhalte lassen sich zwar als Karte darstellen, es kann aber sinnvoller sein, eine andere Darstellungsform zu wählen:

- Ein Profil anstatt einer Höhenschichtenkarte
- Ein Luft- oder Satellitenbild anstatt einer Landnutzungskarte
- Ein Diagramm, falls die räumliche Lage eines Sachverhalts nicht relevant ist
- Eine Tabelle, falls exakte Daten abzulesen sein müssen

Die Erstellung einer guten Karte ist mit hohem Aufwand verbunden, daher sollten Sie genau überlegen, ob Sie für eine bestimmte Aussage wirklich eine Karte benötigen.

## 2.2 Kartographie, Geographie und Geodäsie

> Die Kartographie ist ein Fachgebiet, das sich befasst mit dem Sammeln, Verarbeiten, Speichern und Auswerten raumbezogener Information sowie in besonderer Weise mit deren Veranschaulichung durch kartographische Darstellungen. (nach Hake 2002, S. 3)

Nach dieser Definition ist die Kartographie näher mit den Informationswissenschaften verwandt als mit graphisch-gestaltenden Disziplinen. Die manuelle Kartographie ist dabei mittlerweile weitgehend von der Computerkartographie abgelöst worden.

> Kartographie beinhaltet nicht nur den Umgang mit bestimmter Software, sondern umfasst vor allem Überlegungen zu Ziel und Inhalt der Karte, die Beschaffung und Auswertung der notwendigen Daten und deren angemessene graphische Umsetzung.

Viele Wissenschaften, vor allem die Geographie, setzen Karten ein, um räumliche Sachverhalte darzustellen. Eigentliche Aufgabe der Geographie ist jedoch nicht die kartographische Darstellung, sondern die wissenschaftliche Erklärung der Sachverhalte. Dabei dient die Kartographie neben Statistik und anderen Methoden als ein Hilfsmittel.

Neben der Geographie arbeitet vor allem die Geodäsie (Vermessungswesen) mit Karten. Aufgabe der Geodäsie ist die exakte Lagebestimmung auf der Erde. Die Geodäsie bedient sich der Kartographie, um die Ergebnisse der Vermessung darzustellen.

## 2.3 Bausteine des Kartenblattes

Karte und Kartenblatt

Eine Karte ist nicht gleichzusetzen mit dem Kartenblatt: Das Kartenblatt ist genau genommen nur ein Stück Papier (oder ein anderes Medium), welches eine Karte darstellt. In der alltäglichen Praxis wird jedoch auch das Blatt als Karte bezeichnet.

Jedes Kartenblatt besteht aus bestimmten graphischen Elementen, die wir im Folgenden kurz besprechen. Identifizieren Sie diese in Abbildung 2-12.

Kartenfeld

Der Bereich, in dem der Raumausschnitt dargestellt ist, heißt Kartenfeld. Es setzt sich wiederum zusammen aus

- dem Kartenbild (graphische Darstellung des Raumausschnitts),
- ggf. der Kartenschrift (z. B. Ländernamen),
- ggf. dem Kartenrahmen (Einfassung des Kartenbildes, Angaben zu Koordinatensystem und Kartengitter, etc.).

Kartenrand

Der Kartenrand ist der Teil des Blattes außerhalb des Kartenbildes. Zum Kartenrand gehören:

- Der Titel
- Die Zeichenerklärung (Legende) zu allen Signaturen
- Die Angabe der Kartengrundlage
- Die Angabe der Datengrundlage
- Die Angabe der Aktualität/Fortführungsstand
- Der Name des Autors/Herausgebers der Karte
- ggf. die Maßstabsangabe (als Maßstabsbalken oder Maßstabszahl), je nach Aussagezweck der Karte und Bekanntheit des Raumes nicht immer notwendig
- ggf. die Richtungsangabe, je nach Aussagezweck der Karte und Bekanntheit des Raumes nicht immer notwendig
- ggf. eine Kartenrandlinie

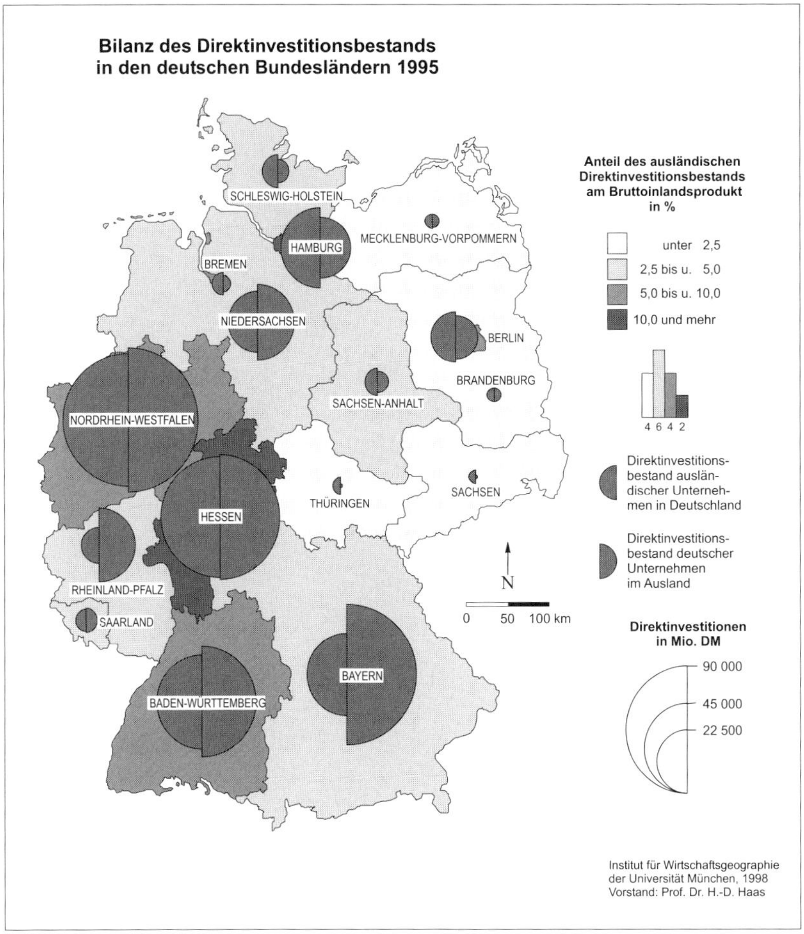


Abbildung 2-12: Bausteine des Kartenblattes

- ggf. Orientierungs- bzw. Detailkarten
- Weitere Informationen nach Bedarf (erläuternde Texte, Tabellen und Diagramme, Logos, etc.)

Aufgabe

Unter www.hennermann.net finden Sie Übungsaufgaben zu diesem Kapitel, deren Bearbeitung wir empfehlen.

# 3 Topographische Karten

Wir haben bisher eine Reihe von Kartenbeispielen und kartenverwandten Darstellungen gesehen. Die für die Wirtschaftsgeographie wichtigen Karten lassen sich im Wesentlichen einteilen in:

- Topographische Karten (TK), vor allem amtliche TK
- Thematische Karten
- Sonderformen (Stumme Karten, Kognitive Karten)

In diesem Kapitel behandeln wir topgraphische Karten, die beiden anderen Typen in Kap. 4.

## 3.1 Arten und Inhalte topographischer Karten

Ziehen Sie zu den folgenden Ausführungen Ihr eigenes Kartenblatt der Topgraphischen Karte 1:25 000 heran.

Definition

> Topographische Karten sind Karten, die eine Landschaft dem jeweiligen Maßstab entsprechend vollständig und geometrisch korrekt wiedergeben.

Der Begriff leitet sich aus dem Altgriechischen ab (*topos* = kleinräumige Lage, *graphein* = Beschreibung).

Amtliche Topographische Karten

Zwar existiert eine Vielzahl von Topographischen Karten (Stadtpläne, Wanderkarten, etc.), im wissenschaftlichen Kontext sind aber vor allem die amtlichen Topographischen Karten relevant. Eine amtliche Topographische Karte deckt meist ein relativ großes Gebiet ab, z. B. die Topographische Karte 1:25 000 von Bayern. Der Begriff „TK 25" bezeichnet also nicht das einzelne Blatt, sondern die gesamte Karte. Für Druck und Veröffentlichung muss diese Karte natürlich auf einzelne TK-Blätter aufgeteilt werden.

In den Industrieländern liegen Karten in 1:25 000 oder noch größeren Maßstäben flächendeckend vor, Schwellen- und Entwicklungsländer sind vielfach nur in 1:50 000 oder 1:100 000 erfasst. Die gesamten Landmassen der Erde sind flächendeckend nur im Maßstab 1:1 Mio. topographisch kartiert.

TK als Datenspeicher

TK sind vor allem äußerst effiziente Speichermedien: Angenommen, ein TK-25-Blatt enthält 30 Siedlungen. Die Luftlinienentfernungen zwischen jeweils zwei Siedlungen sind problemlos aus der Karte ablesbar. Eine entsprechende Matrix der Entfernungen zwischen jeweils zwei Siedlungen benötigt $30 \times 30 = 900$ Zellen. Wollten wir angeben, welche Routen zum Besuch aller Siedlungen möglich sind, müssten wir 30!, also ca. $2{,}6 \times 10^{32}$ mögliche Reisewege auflisten.

Der Inhalt der amtlichen TK umfasst

Inhalte der TK

- die Höhendarstellung (i. d. R. als Höhenlinien, z. T. als Schummerung) und
- die lagerichtigen Eintragungen von Gewässern, Vegetation, Siedlungen, Verkehrswegen und sonstigen Geländemerkmalen.

Daneben existieren von den amtlichen TK auch verschiedene Sonderausgaben, z. B.

- Ausgaben, die nur bestimmte Informationsebenen darstellen, z. B. Verwaltungsgrenzenkarten, orohydrographische Ausgaben (Gewässer und Geländeform), etc. sowie
- Wanderkarten mit Aufdruck von Wander- und/oder Radwanderwegen und
- Sonderblattschnitte für touristisch interessante Gebiete (z. B. Nationalparke).

Die Datenbasis: ATKIS und DLM

In Deutschland liegt die Erfassung und Bereitstellung topographischer Basisinformationen in der Zuständigkeit der Bundesländer und wird von diesen gesetzlich geregelt (z. B. in Bayern durch das „Gesetz über die Landesvermessung und das Liegenschaftskataster"). Zur Durchführung der Vermessung hat jedes Bundesland eine entsprechende Behörde (Landesvermessungsamt, LVA) eingerichtet, in den Flächenstaaten existieren zusätzlich nachgeordnete regionale Vermessungsämter. Die Landesvermessungsämter arbeiten voneinander unabhängig, koordinieren sich aber untereinander in der AdV (Arbeitsgemeinschaft der Vermessungsverwaltungen der Länder der Bundesrepublik Deutschland).

Eine wesentliche Aufgabe der Vermessungsbehörden ist die Erfassung der Topographie des jeweiligen Landesgebietes (so genannte topographische Landesaufnahme) anhand von Luftbildern, Orthophotos und terrestrischer Vermessung. Die dabei erfassten Daten werden heute weitgehend in digitaler Form weiterverarbeitet. Hierbei verwenden die deutschen LVA einen gemeinsamen Standard, das ATKIS (Amtliches Topographisch-Kartographisches Informationssystem).

ATKIS-Bestandteile

Das ATKIS umfasst zwei Teile: zum einen die Vorschrift, welche Informationen überhaupt erfasst werden müssen (ATKIS-Objektartenkatalog), zum anderen die nach dieser Vorschrift erfassten Daten (DLM).

ATKIS-OK

Abbildung 3-1 stellt einen Auszug aus dem ATKIS-Objektartenkatalog (ATKIS-OK) dar.

Die meisten Objektbereiche des ATKIS-OK beziehen sich auf physisch präsente Objekte der Realität (Gewässer, Verkehrswege, etc.). Ausnahmen sind der Objektbereich „Gebiete", der vor allem Verwaltungsgrenzen beinhaltet, und „Präsentation" mit der Festlegung der zu verwendenden Signaturen. Das ATKIS-Schema dient den Vermessungsbehörden als Definition, welche Daten erfasst werden müssen.

DLM

Im Zuge der Landesaufnahme werden Realobjekte (Entitäten) laut dem ATKIS-OK klassifiziert und in einer entsprechend strukturierten Datenbank gespeichert. Dieses digitale und generalisierte Abbild der realen Situation heißt Digitales Landschaftsmodell (DLM).

Generalisierung

Analog zu den topographischen Karten werden die ATKIS-Daten in mehreren Generalisierungsstufen erfasst (ATKIS-25, -50, -250, -1000). Zu

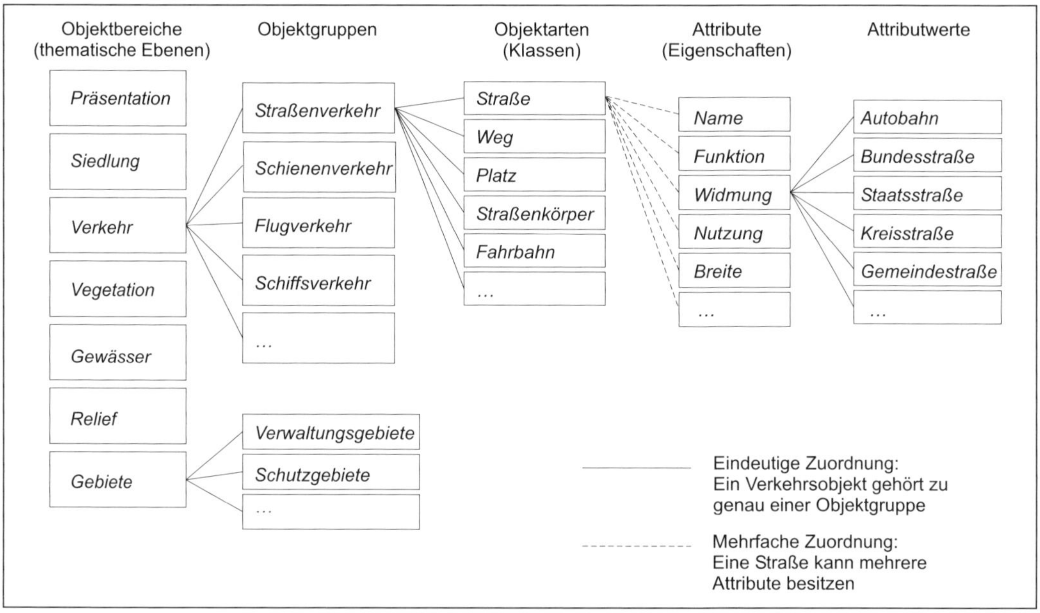


Abbildung 3-1: ATKIS-Objektartenkatalog (Auszug)

jeder Generalisierungsstufe existiert ein ATKIS-OK und ein DLM. Die geringste Generalisierung weist das ATKIS-25 auf (entspricht der Generalisierung der TK 1:25000), das DLM des ATKIS-25 wird daher auch als Basis-DLM bezeichnet.

Auf europäischer Ebene ist die Einführung eines dem ATKIS vergleichbaren Standards unter dem Namen ESDI (European Spatial Data Infrastructure) ab ca. 2006 geplant.

Amtliche TK-Serien

Die Landesvermessungsämter erstellen aus dem DLM verschiedene gedruckte TK-Serien, diese unterscheiden sich vor allem im Maßstab:

- Topographische Karte 1:25000 (TK 25, grüne Serie)
- Topographische Karte 1:50000 (TK 50, blaue Serie, Blattnummern L....)
- Topographische Karte 1:100000 (TK 100, rote Serie, Blattnummern C....)

Darüber hinaus gibt das Bundesamt für Kartographie und Geodäsie amtliche Karten in kleineren Maßstäben heraus:

- Topographische Übersichtskarte 1:200000 (TÜK 200, orange Serie)
- Übersichtskarte 1:500000 (ÜK 500, violette Serie)
- Karte der Bundesrepublik Deutschland 1:1 Mio.

Diese amtlichen TK sind als „Allround-Karten" für eine Vielzahl von Einsatzgebieten nutzbar.

Deutsche Grundkarte

Daneben gibt es zwei Karten, die eigenen Standards folgen und daher eigentlich nicht zu den amtlichen Topographischen Karten zählen. Dies sind die Deutsche Grundkarte 1:5000 und die Katasterkarte.

Die Deutsche Grundkarte 1:5000 (DGK5) ist weitgehend flächendeckend vorhanden. Sie beinhaltet dieselben Elemente wie die TK sowie zusätzlich Eigentumsgrenzen (Abb. 3-2). Die DGK5 dient den Kommunen als Grundlage für amtliche Planungen (z.B. Flächennutzungsplan) und den Vermessungsämtern zusammen mit Orthophotos und der terrestrischen Vermessung zur Erstellung des DLM.

Abbildung 3-2: Deutsche Grundkarte 1:5000

Liegenschaftskarte

Die geometrisch genaueste Karte ist die Liegenschafts- oder Katasterkarte. In dicht besiedelten Gebieten liegt sie in Maßstäben bis 1:100 vor. Sie dient vor allem zum Eigentumsnachweis und zu anderen Verwaltungszwecken. Daher beinhaltet sie kaum topographische Elemente, sondern nur Grenzen von Flurstücken, Gebäuden und Nutzungsarten sowie Flurstücksnummern. Die Liegenschaftskarte wird ergänzt durch das Liegenschaftsbuch, in dem zu jeder Fläche die jeweiligen Eigentümer und Nutzungsrechte verzeichnet sind. Liegenschaftskarte und -buch bilden zusammen das Liegenschaftskataster. Das Kataster wird vor allem in der kommunalen Verwaltung benötigt und daher von den Kommunen geführt (Vermessungs- und Grundbuchämter). Heute liegt das Kataster i.d.R. digital vor. Dabei wird die digitale Karte als ALK bezeichnet (Automatisierte Liegenschaftskarte; in Bayern DFK, Digitale Flurkarte), das digitale Liegenschaftsbuch als ALB (Automatisiertes Liegenschaftsbuch).

Eigenschaften von amtlichen TK

Alle amtlichen TK weisen eine Reihe von Gemeinsamkeiten auf. Hierzu gehören:

- Sie sind von amtlichen Stellen (Vermessungsämtern) herausgegeben.
- Sie sind aus der Vermessung (topographische Landesaufnahme, i. d. R. mittels Luftbildern) abgeleitet.
- Sie werden regelmäßig aktualisiert.
- Sie verwenden einheitliche Zeichenschlüssel und Legenden.
- Sie verwenden weitgehend einheitliche Referenzsysteme (Projektion und Koordinatensystem).
- Sie liegen in einem weitgehend einheitlichen Blattschnitt vor (= Aufteilung des Gesamtgebietes auf gleich große Einzelblätter).
- Die Kartenblätter haben ein weitgehend einheitliches Format.
- Die Kartenblätter sind durchgehend nummeriert (s. Rückseite der TK).
- Sie sind in den meisten Staaten der Erde durch die jeweiligen Ämter verfügbar.

Einsatzbereiche von TK

In den Geowissenschaften stellt sich oftmals die Frage, welche Situation in einem vorgegebenen Gebiet vorliegt: Wie ist die Geländeoberfläche, das Verkehrsnetz, die Siedlungsstruktur, etc. im Raum XY beschaffen? Dies ist aus TK problemlos ablesbar.

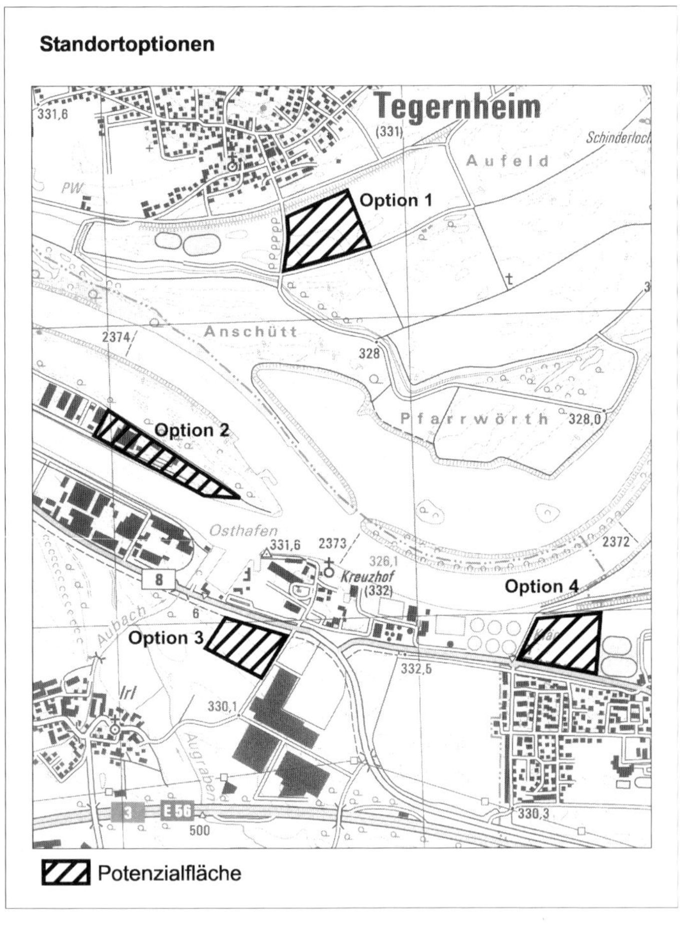


Abbildung 3-3:
TK als Grundlage für thematische Karte

Umgekehrt beantwortet eine TK auch die Frage, wo ein bestimmter Sachverhalt zu finden ist: Wo liegen in Berlin innerstädtische Grünflächen, Verkehrsinfrastrukturen, etc.?

In beiden Fällen dient die Karte als Informationsspeicher und Nachschlagewerk für räumliche Sachverhalte. Darüber hinaus werden TK häufig als Grundlage für thematische Karten eingesetzt (Abb. 3-3), so lassen sich die thematischen Inhalte mit geringem Aufwand räumlich einordnen.

Beschaffung digitaler TK-Inhalte

Die Inhalte der TK sind bei den Landesvermessungsämtern in digitaler Form zu beziehen (ATKIS-Daten/DLM). Allerdings ist die Beschaffung des DLM in Deutschland mit einem erheblichen finanziellen Aufwand verbunden, so berechnet das LVA Bayern 2,50 € pro $km^2$ (Vektordaten, ohne Höhen, Stand 02/2004). Hinzu kommen restriktive Lizenzbestimmungen (Nutzung der Daten nur für genau definierte Prozesse, etc.). Im internationalen Vergleich variieren die Modalitäten stark, so sind z. B. die dem ATKIS entsprechenden Daten der USA (TIGER dataset) gratis verfügbar.

Für die Weitergabe der Daten haben die LVA das Austauschformat EDBS entwickelt, sie geben die Daten aber auch in ArcGIS-üblichen Formaten ab. Allerdings kommt es beim Umwandeln zwischen Datenformaten häufig zu Informationsverlusten.

## 3.2 Das Koordinatennetz auf TK

Mehrere Systeme auf einer TK

Jeder Punkt ist durch seinen Ostwert (Rechtswert) und Nordwert (Hochwert) identifiziert[3]. Die amtlichen TK enthalten mehrere übereinander liegende Koordinatensysteme (Koordinatengitter), deren entsprechende Koordinaten sind am Kartenrand aufgedruckt und in der Legende erläutert:

- Geographische Koordinaten in Grad, Minuten und Sekunden. Dieses Koordinatensystem ist nicht rechtwinklig und nicht geradlinig, daher ist es für unsere Zwecke wenig geeignet.
- UTM-Koordinaten (Universal Transverse Mercator), rechtwinklig, geradlinig und in metrischen Einheiten. UTM ist in Deutschland und vielen anderen Staaten das amtliche kartographische System.
- Gauß-Krüger-Koordinaten (GK), ähnlich UTM. Dieses System war seit 1927 das amtliche kartographische System in Deutschland. Gegenwärtig wird vom GK-System auf UTM umgestellt, daher sind auf den meisten TK beide Koordinatennetze aufgedruckt, ältere TK-Blätter enthalten nur GK-Koordinaten.

Lesen von UTM-Koordinaten

In Abbildung 3-4 setzt sich der UTM-Ostwert des Punktes P1 zusammen aus der klein geduckten Zahl (2) und der groß gedruckten Zahl (94E). Der Ostwert lautet also 294E (East). Der UTM-Nordwert lautet entsprechend 5442N. Beachten Sie, dass die klein gedruckten Ziffern nur an der ersten

3 Der Ostwert wird auch mit X und der Nordwert mit Y bezeichnet, so in UTM und in ArcGIS. Die amtliche Vermessung in Deutschland verwendet hingegen die Begriffe Rechtswert (y) und Hochwert (x).

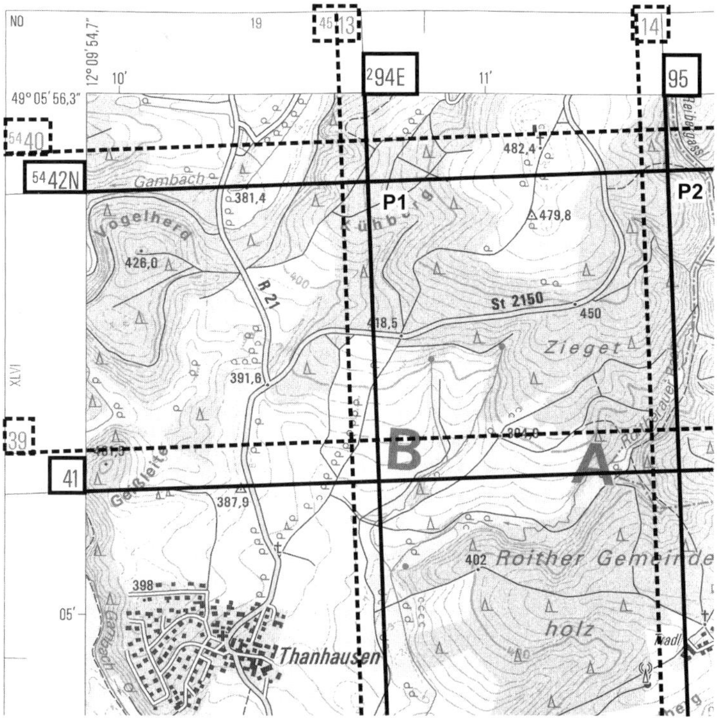


Abbildung 3-4: Koordinaten auf TK

und letzten Randmarke sowie an Marken, an denen sie sich ändern, aufgedruckt sind.

Das UTM-Gitter verwendet als Einheit einen Meter, auf den TK-Randmarken sind allerdings Kilometer-Angaben aufgedruckt. Der Ostwert 402E bedeutet also 402 000 m, die Koordinate von P1 lautet (294000E; 5442000N). Der Punkt P2 mit dem Ostwert 295000E liegt 1000 m östlich von P1. Werte zwischen P1 und P2 werden entsprechend interpoliert.

Projektion im UTM-System

Wo liegt der Ursprung (0:0) dieses Gitters? Um diese Frage zu beantworten, müssen wir betrachten, wie die Erdoberfläche auf die Kartenfläche abgebildet (projiziert) wird:

Im UTM-System wird die Erde in sechs Grad breite Nord-Süd-Streifen (UTM-Zonen) aufgeteilt, beginnend bei 180° W. Die UTM-Zonen werden fortlaufend nummeriert: zwischen 180° W und 174° W liegt demnach die Zone 1, zwischen 174° W und 168° W die Zone 2, etc.

An jede Zone wird ein eigener Zylinder angelegt. Der Meridian, an dem der Zylinder anliegt, heißt Zentral- oder Mittelmeridian (bei 177° W, 174° W, etc.). Anschließend wird die Erdoberfläche auf den Zylinder projiziert, nach dem „Ausrollen" des Zylinders erhalten wir eine zweidimensionale Karte der jeweiligen Zone (Abb. 3-5). Wir bekommen mit diesem Verfahren also nicht eine einzige Karte der Erdoberfläche, sondern entsprechend der 60 Zonen auch 60 einzelne Karten. Deutschland liegt in den Zonen 32 (Mittelmeridian bei 9° E) und 33 (bei 15° E).

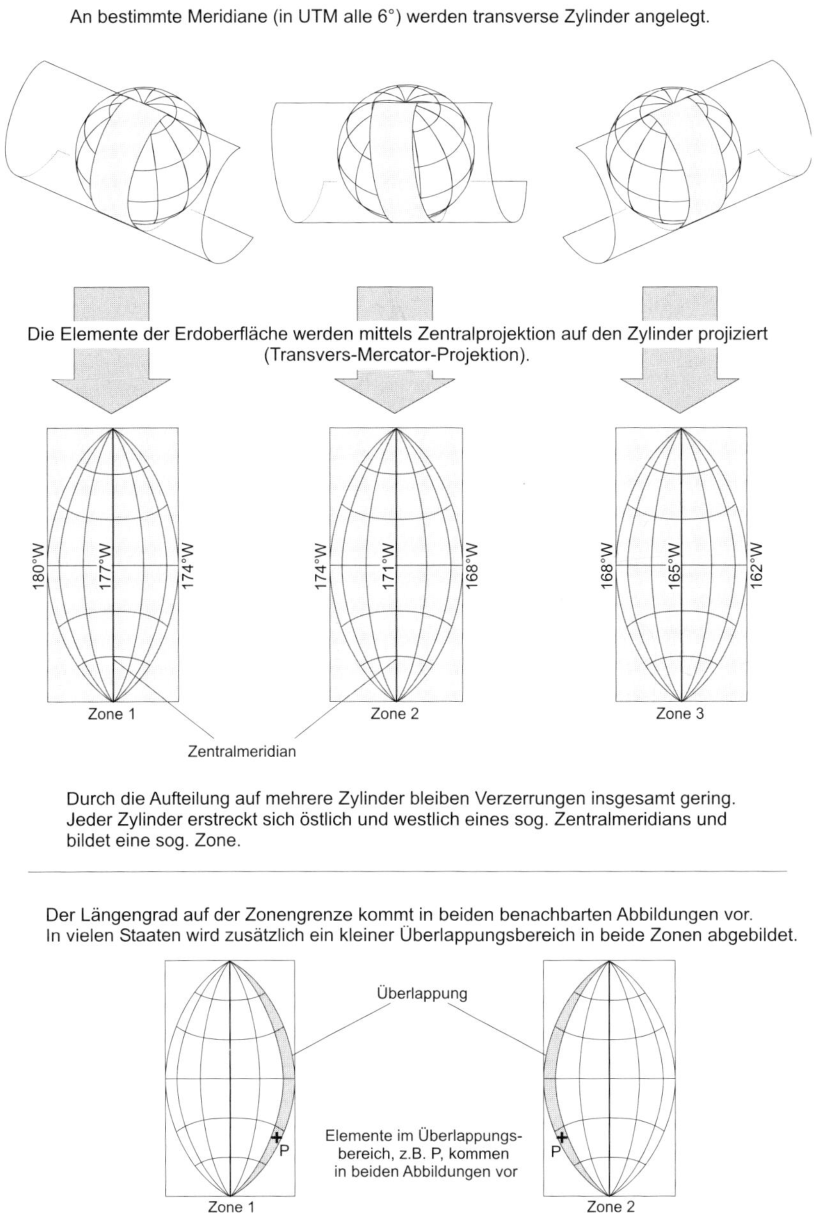


Abbildung 3-5: Projektion im UTM-System

Um die Position von Objekten auf diesen Karten angeben zu können, benötigen wir ein Koordinatennetz. Zwar könnten wir hierfür die Koordinaten des geographischen Gradnetzes verwenden, diese sind jedoch in den Karten nicht mehr rechtwinklig und geradlinig. Daher legen wir auf jede Karte ein eigenes, zusätzliches Koordinatennetz (Abb. 3-6).

Der Ostwert wird in diesem Netz, dem UTM-Gitter, ausgehend vom jeweiligen Zentralmeridian in Metern gemessen. Der Zentralmeridian selbst erhält dabei willkürlich den Ostwert 500 000 m. Dies dient nur dazu, nega-

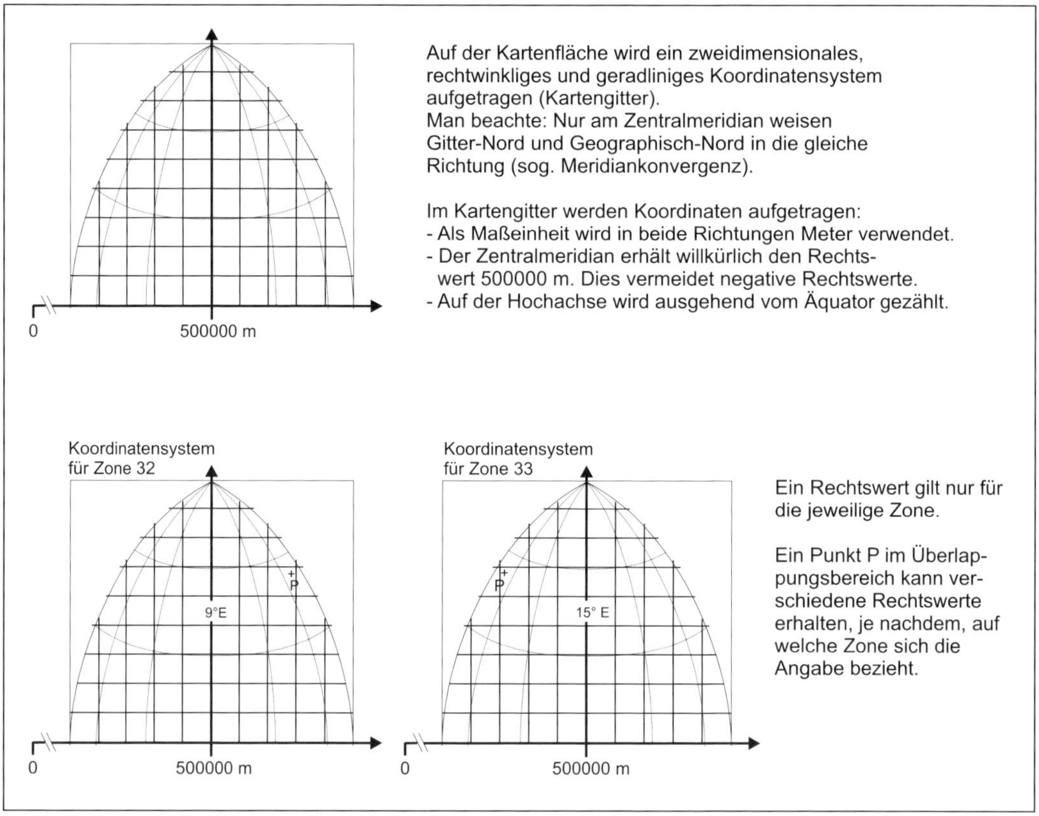


Abbildung 3-6: Koordinaten im UTM-System

tive Werte zu vermeiden. So gibt der Ostwert 489000 an, dass wir uns bei 498000 m befinden (= 2000 m westlich des Zentralmeridians). Der Ostwert eines Punktes ist also davon abhängig, auf welche UTM-Zone sich die Messung bezieht. Daher müssen Sie bei UTM-Koordinaten immer die Nummer der Zone angeben, z.B in der Form „P1 (UTM33; 294000E; 5442000N)“.

Der Ursprung der Nordachse liegt bei UTM am Äquator. Damit nimmt der Nordwert vom Äquator nach Norden zu und gibt den Abstand eines Punktes vom Äquator in Metern an.

Projektion und Koordinatensystem im UTM-System erscheinen auf den ersten Blick umständlich. Der Vorteil der UTM-Projektion (transverse Zylinderstreifen) liegt jedoch darin, dass es die projektionsbedingten Verzerrungen sehr gering hält. Das UTM-Koordinatensystem erlaubt uns zusätzlich, mit metrischen Strecken und Flächeninhalten zu arbeiten.

Ein wenig irritierend mag auch erscheinen, dass durch die Projektion Verzerrungen entstehen, das Koordinatengitter diese Verzerrungen aber völlig ignoriert. Hierbei ist aber vor Augen zu halten, dass diese Abweichung nur einige Zentimeter pro Kilometer beträgt, dies ist i. d. R. vernachlässigbar.

Der Blattschnitt der deutschen TK folgt nicht dem UTM-Gitter, sondern in etwa den Längen- und Breitenkreisen. Daher ist das Kartengitter in sich rechtwinklig, aber nicht zum Kartenrahmen (vgl. Abb. 3-7). Das bedeutet, dass wir eine Koordinate nicht rechtwinklig zum Kartenrahmen ablesen dürfen. Stattdessen müssen wir die entsprechenden UTM-Markierungen am Kartenrand verbinden und die Entfernung des gesuchten Punktes rechtwinklig zu dieser Verbindungslinie messen. Diese Entfernung addieren wir zu dem Wert der Verbindungslinie.

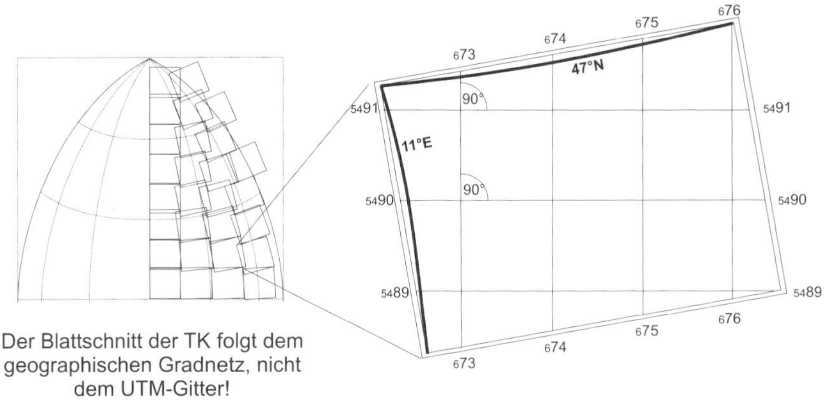


Abbildung 3-7: Versatz von Koordinatengitter und Kartenrahmen

Beantworten Sie anhand Ihres eigenen Kartenblattes (TK 25, Blatt 6939, Donaustauf) folgende Fragen:

- Wie lauten die UTM-Koordinaten der Kirche von Bach a.d. Donau?
- Was finden Sie an der Koordinate (UTM33; 296120E; 5434500N)?
- Wie groß ist die Entfernung zwischen den beiden Punkten?

Flächeninhalte

Da das UTM-Gitter kartesische Koordinaten (rechtwinklig und geradlinig) in metrischen Einheiten verwendet, lassen sich auch Flächeninhalte einfach bestimmen. Bei der Fläche in Abbildung 3-8 handelt es sich um ein un-

A (425528E ; 5310486N)
B (425547E ; 5310544N)
C (425630E ; 5310512N)
D (425613E ; 5310470N)

Wie groß ist die Fläche ABCD?

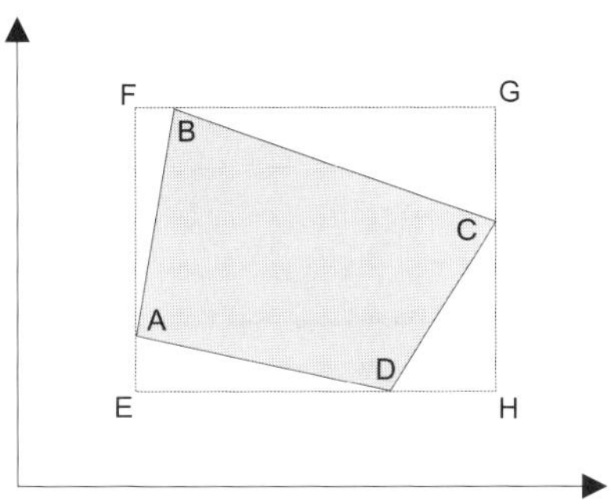


Fläche eines unregelmäßigen Vierecks im rechtwinkligen Koordinatensystem:

$$F_{ABCD} = F_{EFGH} - F_{ABF} - F_{BCG} - F_{CDH} - F_{ADE}$$

$$= |X_C - X_A| * |Y_B - Y_D| - |X_A - X_B| * |Y_A - Y_B| * 0{,}5 - |X_B - X_C| * |Y_B - Y_C| * 0{,}5 - |X_C - X_D| * |Y_C - Y_D| * 0{,}5 - |X_D - X_A| * |Y_D - Y_A| * 0{,}5 = 4632\ m^2$$

Abbildung 3-8: Bestimmung von Flächeninhalten

regelmäßiges Vieleck in einem rechtwinkligen Koordinatensystem. Dessen Fläche ergibt sich aus der Fläche des umgebenden Rechtecks abzüglich der Randdreiecke.

Zusammenfassung UTM-Koordinaten

Nochmals das Wichtigste zum Lesen von UTM-Koordinaten:

- Die zugrunde liegende Projektion ist eine transversale Mercatorprojektion.
- Das Koordinatengitter ist zweidimensional, rechtwinklig und geradlinig (kartesisches Koordinatensystem).
- Als Einheit wird ein Meter verwendet.
- Der Nullpunkt der Hochachse liegt am Äquator.
- Der Zentralmeridian erhält den willkürlichen Ostwert 500000.
- Eine Koordinatenangabe bezieht sich immer auf eine bestimmte UTM-Zone.

Weiterführende Informationen zu Topographischen Karten finden Sie in Hüttermann (1978) und Hüttermann (1993).

Aufgabe

Unter www.hennermann.net finden Sie Übungsaufgaben zu diesem Kapitel, deren Bearbeitung wir empfehlen.

# 4 Thematische Karten und Sonderformen

## 4.1 Thematische Karten

Definition

Für thematische Karten existieren keine strengen Richtlinien hinsichtlich Inhalt und Layout. Vielmehr soll eine thematische Karte jeweils eine bestimmte Aussage vermitteln.

> Im engeren Sinne versteht man unter einer thematischen Karte eine Karte, „welche auf einer inhaltlich entsprechend reduzierten und überarbeiteten Grundlage spezielle Themen zum Ausdruck bringt, die auf einen ganz speziellen Aussagezweck abgestimmt sind". (ARNBERGER 1977, S. 13)

Die meisten existierenden Karten sind thematische Karten. Als Kartengrundlage verwenden sie häufig Elemente der amtlichen Topographischen Karten, z. B. Verwaltungsgrenzen.

Anwendungsbereiche

Wir begegnen beinahe täglich thematischen Karten, z. B.

- in den Medien (Zeitung, TV-Nachrichten, Wetterbericht, etc.)
- in der öffentlichen Verwaltung (Flächennutzungsplan, Bauantrag, etc.)
- in Unternehmen (Darstellung von Kundenstandorten, Betriebsstandorten, Vertriebsgebieten, Marktpotentialen, Fahrtrouten, etc.)
- in der Forschung (Darstellung räumlicher Verflechtungen)

Kommunikation

In einigen der genannten Fälle dienen thematische Karten als *Kommunikationsmittel:* Sie erlauben, Informationen über räumliche Sachverhalte besser zu erfassen, als es mit einem Text oder einer Tabelle möglich wäre. Dieser Umstand wird vor allem in den Medien genutzt (vgl. Abb. 4-1).

Datenspeicher

Neben der Kommunikation dienen thematische Karten als effizientes *Speichermedium:* Die Darstellung eines Sachverhalts als Karte kann weniger aufwendig und/oder präziser sein als eine textliche Beschreibung. Die Speicherfunktion von Karten wird vor allem in der amtlichen Verwaltung (Vermessung, Raum- und Regionalplanung) genutzt.

So beschreibt das bayerische Landesentwicklungsprogramm (LEP) die Lage der „Erholungslandschaft Alpen" folgendermaßen:

„(...) Im Osten, Süden und Westen verläuft die Grenze entlang der Staatsgrenze zur Bundesrepublik Österreich, und zwar im Osten beginnend am Autobahngrenzübergang Schwarzbach bis nach Weienried im Westen. Die Nordgrenze beginnt im Osten am Grenzübergang Schwarzbach und führt in westlicher Richtung entlang der Bundesautobahn zur Ausfahrt Bergen – entlang der Kreisstraße TS 6 nach Bergen – entlang der Kreisstraße TS 5 bis Ortsausgang Staudach – von dort längs der B 305 nach Bernau a. Chiemsee und über die Kreisstraße RO 14 bis Niederaschau – entlang der St 2093 bis Frasdorf – von dort entlang der Kreisstraßen RO 5 und RO 26 nach Rohrdorf – entlang der St 2359 über Nußdorf – das Inntal querend nach De-

FINNLAND

## Öko-Sieg in Lappland?

Einen inzwischen 30 Jahre währenden Streit um den Bau des Vuotos-Stausees im Norden des Landes klären soll das Oberste Verwaltungsgericht – und das Mammutprojekt, so hoffen die Gegner, endgültig kippen. Der künstliche See, der 237 Quadratkilometer in Lappland fluten würde, gehört zu den umstrittensten Projekten Finnlands. Der Konflikt reicht bis in die Regierung. Umweltschützer, EU-Kommission und auch die schwedischen Nachbarn kritisieren das gigantische Projekt vor allem wegen der Zerstörung seltener Sumpflandschaften sowie der Eingriffe in den Vogelschutz. Der Stromkonzern Kemijoki, zu 67 Prozent in Staatsbesitz, hält den Stausee dagegen für „wichtig zur Steuerung der Energieproduktion vor allem in Spitzenlastzeiten". Die Alternative zur Wasserenergie wäre Öl, und das „belastet ja auch die Umwelt". In seiner Einschätzung wird der Stromerzeuger auch von Industrie- und Handelsministerin Sinikka Mönkäre unterstützt. Die riet zur Anrufung des höchsten Gerichts, die in den nächsten Wochen erfolgen soll. Die ursprüngliche Baugenehmigung ist gerade erst vom Verwaltungsgericht in Vaasa wieder einkassiert worden – ein Triumph der Umweltschützer. Zum ersten Mal in Finnland hat damit ein höheres Gericht eine Wasserbaugenehmigung allein aus Öko-Gründen gekippt. Nun hofft auch das Umweltministerium auf Bestätigung.

Abbildung 4-1: Medienkarte

gerndorf – von dort auf der St 2089 über Großholzhausen nach Feilnbach – daran anschließend entlang der Kreisstraßen RO 46 und MB 22 nach Hundham und der St 2077 folgend bis Leitzach – entlang der St 2010 über Parsberg nach Miesbach und dann auf der B 472 über Bad Tölz, Bad Heilbrunn und auf der B 11 über Bichl, Benediktbeuern nach Kochel – von dort entlang der St 2062 und der St 2562 über Schwaiganger nach Ohlstadt bis zur Einmündung in die B 2 und dann nach Süden bis Eschenlohe und über Schwaigen, Aschau bis Hermannswiese – weiter entlang der St 2082 über Bad Kohlgrub bis zur B 23 am Ortseingang von Saulgrub – vom südlichen Ortseingang Saulgrub über die sogenannte Königsstraße (Forststraße) bis zur Einmündung in die B 17 bis Unterreiten – von hier aus entlang der B 17 bis zur Abzweigung der Werkszufahrt zum Stauwerk Füssen und dann über die Werksbrücke zum Lech – am Westufer des Lechs entlang bis zur B 310, dieser folgend über Füssen, Weißensee und Pfronten-Kreuzegg bis zur Einmündung der B 309 bei Pfronten-Weißbach und der B 309 folgend bis zur Einmündung der Kreisstraße OAL 1 und entlang dieser Straße (im Landkreis Oberallgäu Kreisstraße OA 8) bis Wertach – von dort entlang der St 2007 bis zur Einmündung der St 2006 beim Höhenpunkt 728, der St 2006 folgend bis zu der Einmündung in die B 308 bei Immenstadt i. Allgäu – von hier entlang

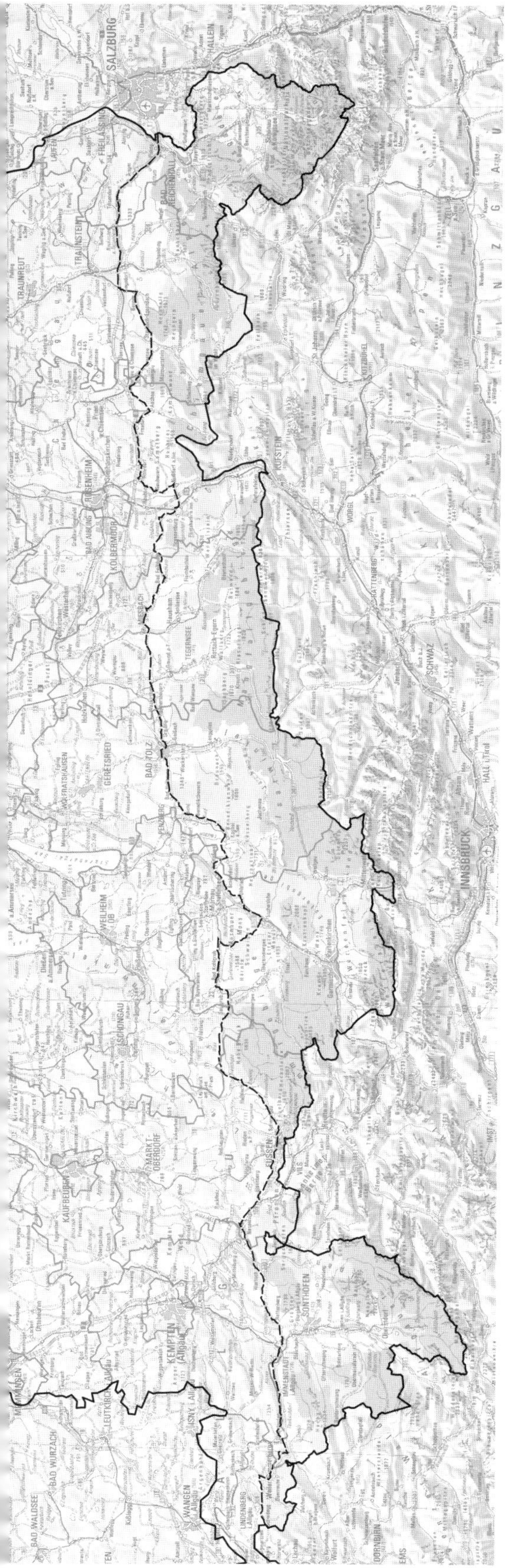


# Erholungslandschaft Alpen

Landesentwicklungsprogramm Bayern
Anhang 5 (zu B V 1.8.2.1)

## I. Ziele der Raumordnung und Landesplanung

Zeichnerisch verbindliche Darstellungen

Zone A

Zone B

Zone C

## II. Zusätzliche Darstellungen

----- Nördliche Abgrenzung des Geltungsbereichs

——— Landesgrenze

——— Grenzen der kreisfreien Städte und Landkreise

Abbildung 4-2: Raumabgrenzung als Karte

Maßstab 1 : 1 000 000

0 10 20 30 40 50 km

Grundkarte: ÜK 500, herausgegeben vom Bayerischen Landesvermessungsamt München, Wiedergabe genehmigt gem. FMBek vom 18.04.91, StAnz Nr. 17/91
Kartographie: Bayerisches Staatsministerium für Umwelt, Gesundheit und Verbraucherschutz
Herausgeber: Bayerisches Staatsministerium für Wirtschaft, Infrastruktur, Verkehr und Technologie
Stand 12. Juli 2005 (keine Änderung gegenüber LEP 2003)

der B 308 über Bühl und Thaikirchdorf bis zur Einmündung der Kreisstraße OA 1 – dieser Straße folgend entlang der B 308 bis zur Einmündung der Ortsstraße beim Höhenpunkt 779, weiter entlang der Ortsstraße durch Oberstaufen bis zu deren Einmündung in die B 308, entlang der B 308 bis zur Einmündung der St 2001 von Simmerberg, dieser folgend durch den Ort Weiler i. Allgäu bis zur Einmündung der Kreisstraße LI10 bei Bremenried, entlang der Kreisstraße bis zu deren Einmündung in die St 2378 in Scheidegg und entlang dieser bis zur Landesgrenze." (BAYSTLU 1994, S. 168)

In späteren Ausgaben des LEP wurde dieser Text durch eine Karte ersetzt, anhand derer sich der beschriebene Sachverhalt jederzeit rekonstruieren lässt (Abb. 4-2). Diese Karte speichert dieselbe Information in graphischer anstatt in verbaler Form.

Forschungsmittel

Als dritter Zweck thematischer Karten ist der Einsatz als *Hilfsmittel in der Forschung* zu nennen: Die kartographische Darstellung erlaubt uns, räumliche Zusammenhänge zu erkennen, die in anderer Form, z. B. als Datentabellen, nicht zu sehen wären (Abb. 4-3).

**Entwicklung des Tourismus auf den karibischen Inseln**

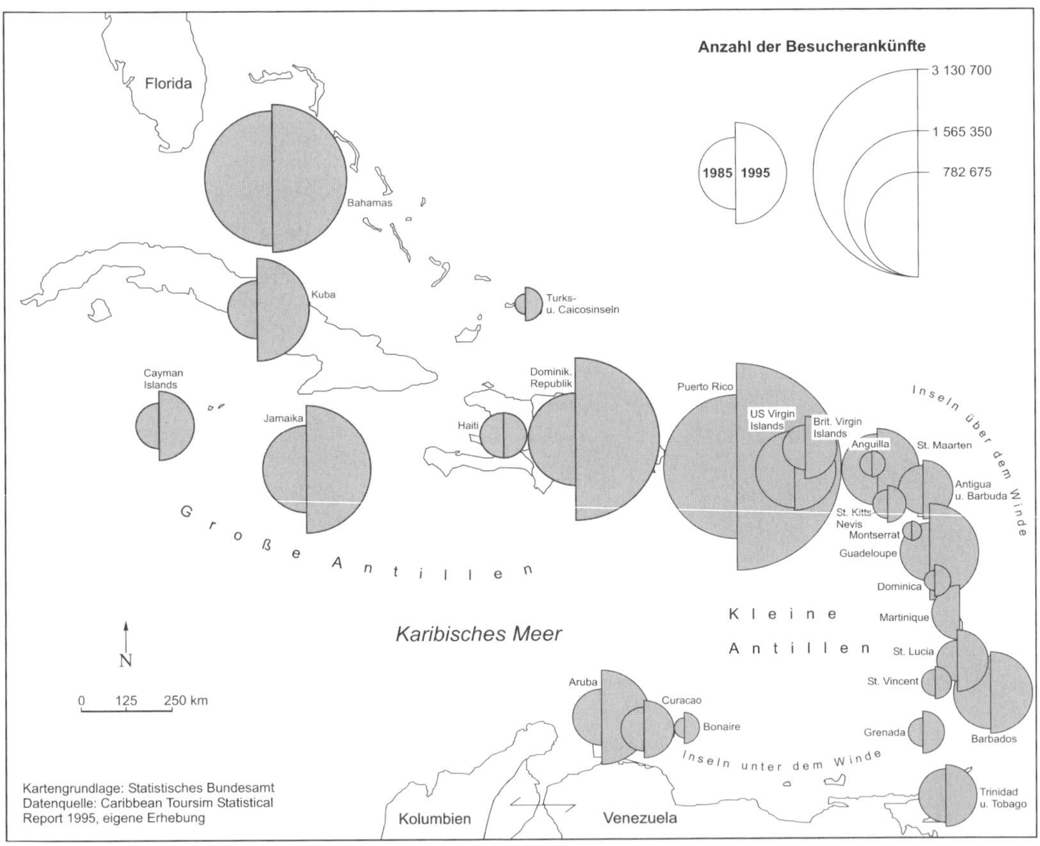


Abbildung 4-3: Wissenschaftliche Karte

Trotz ihrer Vielfalt weisen alle thematischen Karten einige Gemeinsamkeiten auf:

Charakteristika

- Raumtreue ist wichtiger als Lagetreue. Daher sind thematische Karten oftmals stark generalisiert.
- Inhalte und Layout der Karte sind nicht formal festgelegt, sondern werden auf einen ganz bestimmten Aussagezweck hin ausgewählt.
- Eine thematische Karte enthält i.d.R. nur wenige topographische Elemente.
- Eine thematische Karte ist i.d.R. für die einmalige Verwendung bestimmt und wird nicht aktualisiert.

## 4.2 Sonderformen von Karten

Stumme Karten

Der Begriff „Stumme Karten" bezeichnet Karten ohne Kartenschrift, ohne Erläuterung und mit nur wenigen topographischen Elementen. Sie werden häufig als Arbeitskarten eingesetzt, z.B. als Grundlage für eigene Kartierungen.

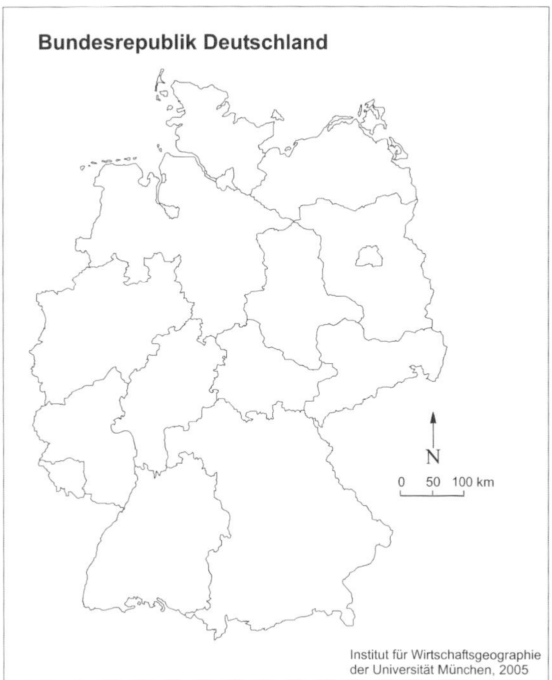


Abbildung 4-4: Stumme Karte

Kognitive Karten

Eine weitere Sonderform bilden so genannte kognitive Karten. Ein Beispiel: Ein Forschungsprojekt zum Tourismus in Deutschland untersucht, welches Bild die Bevölkerung von den wichtigen touristischen Zielen hat. Dies soll mit Hilfe einer Umfrage erhoben werden.

Die Befragten werden dabei gebeten, auf einer stummen Karte (Abb. 4-4) Lage und Namen folgender Ziele einzutragen: Alpen, Allgäu, Eifel, Harz, Erzgebirge, Bodensee, Mecklenburgische Seenplatte. (Versuchen Sie das auch selbst einmal!)

Die entstehenden Karten bilden die kognitiven Karten der befragten Personen ab, d.h. deren räumliche Kenntnisse und Wahrnehmung. Mit ihrer Hilfe kann der Forscher objektiv messen und bewerten, wie gut die Befragten die Ziele kennen.

| |
|---|
| Eine kognitive Karte ist die graphische Darstellung von Teilen der räumlichen Umwelt, wie sie individuell wahrgenommen wird. |

Kognitive Karten heißen auch *Mental Maps.* Sie sind nicht zu verwechseln mit *Mind Maps,* letzteres ist eine Methode aus der Arbeitspsychologie.

Weiterführende Informationen zu kognitiven Karten finden Sie bei DOWNS et al. (1982) und MONMONIER (1993).

# 5 Lesen und Interpretieren thematischer Karten

Eine Karte ist ein Informationsträger, vergleichbar einem Text, einer Tabelle, einem Diagramm oder anderen Darstellungsweisen. Von diesen unterscheidet sich die Karte vor allem darin, dass sie eine bestimmte Art von Informationen (nämlich über räumliche Zusammenhänge) enthält. Allen Informationsträgern ist gemeinsam, dass wir sie strukturiert auswerten müssen, um Informationen zu gewinnen, so auch bei Karten.

Definition

> Die strukturierte Analyse der Karteninhalte bezeichnen wir als Kartenlesen, die Erklärung der dargestellten Sachverhalte als Karteninterpretation.
>
> Ziel ist bei beidem die Gewinnung neuer Information.

Angenommen, Sie arbeiten in der Marketingabteilung der BMW AG und sollen das Thema „Marktpotenzial in Mexiko“ bearbeiten. Hierfür haben

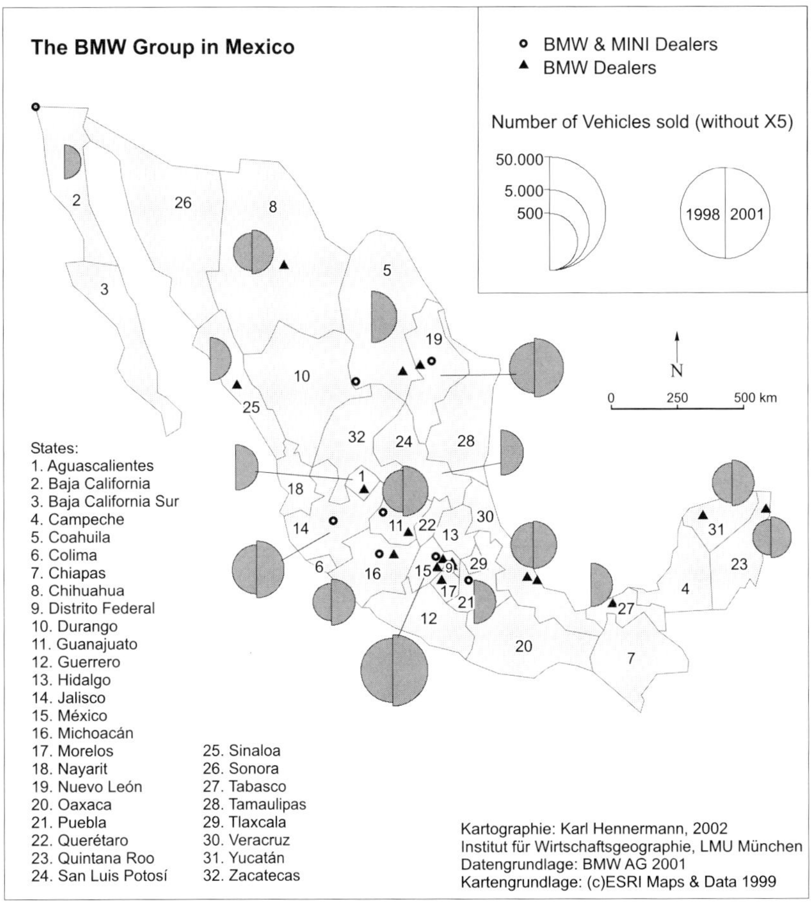


Abbildung 5-1: Beispiel zur Karteninterpretation

Sie Daten gesammelt und die Karte in Abb. 5-1 erstellt. Welche Informationen können Sie aus dieser Karte gewinnen?

Einordnung des Kartenblattes

Als ersten Schritt nennen Sie alle grundlegenden Fakten über das Kartenblatt und die Karte:

| Arbeitsschritt | Im BMW-Beispiel |
|---|---|
| Vollständige Quellenangabe für die Karte, bei TK einschließlich Blattnummer, etc. | Karte: „The BMW Group in Mexiko". Erstellt von Karl Hennermann auf Grundlage interner Daten der BMW Group, 2002 |
| Angabe des Maßstabs | Maßstab: ca. 1: 20 Mio. |
| Kurze Beschreibung des Inhalts, am besten in einem Satz | Inhalt: Standorte und Verkaufszahlen der BMW Group in Mexiko |
| Aktualität (Auf welchen Zeitpunkt/ Zeitraum beziehen sich die Inhalte?) | Aktualität: 1998 und 2001 |
| Kontext (Zeitung, Artikel aus der Fachliteratur, Atlas, etc.) | Kontext: BMW-interne Studie zu Marketingzwecken |
| Zielgruppe | Zielgruppe: Entscheidungsträger im Unternehmen |

Diese Einordnung ist äußerst wichtig, hiervon hängen Zuverlässigkeit und Informationsgehalt der folgenden Aussagen ab. Eine falsche Einordnung der Karte führt zwangsläufig zu falschen Folgeaussagen.

Beschreibung der Grundkarte

Sofern die Karte eine Grundkarte enthält (topographische Inhalte zur Orientierung), sollten Sie auch diese kurz beschreiben:

| Arbeitsschritt | Im BMW-Beispiel |
|---|---|
| Räumliche Abdeckung der Grundkarte | Räumliche Abdeckung: Mexiko |
| großräumige Einordnung des dargestellten Raumes, sofern diese nicht offensichtlich ist | (nicht erforderlich) |
| Art der Grundkarte (Verwaltungsgrenzenkarte, Topographische Karte, etc.) | Art der Grundkarte: Verwaltungsgrenzen nach Provinzen |
| Herkunft (Datenquelle) | Datenquelle: ESRI Maps and Data 2004 |
| Darstellungsmittel (Signaturen) der Grundkarte | Signaturen der Grundkarte: graue Flächenfüllung |

Lesen der thematischen Ebenen

Die thematischen Ebenen enthalten die Aussagen der Karte, bei ihrer Analyse ist besondere Sorgfalt angebracht. Identifizieren Sie zuerst alle thematischen Ebenen.

| Arbeitsschritt | Im BMW-Beispiel |
|---|---|
| Benennen der thematischen Ebenen | Thematische Ebenen:<br>1. Standorte der BMW- und Mini-Händler,<br>2. Zahl der verkauften Fahrzeuge 1998 und 2001 |

Nun können Sie die erste Ebene beschreiben:

| Arbeitsschritt | Im BMW-Beispiel |
|---|---|
| Benennen der Ebene | Thematische Ebene „Standorte der Händler" |
| Benennen des räumlichen Bezugs | Räumlicher Bezug: exakte Verortung der Händlerstandorte (im Rahmen des Maßstabs) |
| Benennen von Datengrundlage, Klassifikation und Signaturen | Datengrundlage: BMW Group<br>Klassifikation: qualitative Differenzierung nach Produktpalette<br>Signaturen: Punktsignaturen, differenziert in Dreiecke (BMW-Händler) und Kreise (BMW und Mini) |
| Quantitative Beschreibung: Objekte auszählen und/oder Distanzen messen, ggf. Aufbau einer Datentabelle und Durchführen von Berechnungen | nur 8 BMW- und Mini-Händler, v. a. BMW-Händler (16) |
| Qualitative Beschreibung, z. B. der räumlichen Verteilung der Objekte | Händlernetz unterschiedlich dicht, bes. dicht im Zentrum des Landes; Mini-Händler weniger stark konzentriert als BMW-Händler |

Die Beschreibung der zweiten Ebene könnte entsprechend lauten:

| Arbeitsschritt | Im BMW-Beispiel |
|---|---|
| Benennen der Ebene | Thematische Ebene „Zahl der verkauften Fahrzeuge 1998 und 2001" |
| Benennen des räumlichen Bezugs | Räumlicher Bezug: nach Provinzen |
| Benennen von Datengrundlage, Klassifikation und Signaturen | Datengrundlage: BMW Group<br>Klassifikation: keine (lineare Darstellung)<br>Signaturen: Halbkreisdiagramme (logarithmisch), links 1998, rechts 2001 |
| Quantitative Beschreibung: Objekte auszählen und/oder messen, ggf. Aufbau einer Datentabelle und Durchführen von Berechnungen | – |

| | |
|---|---|
| Qualitative Beschreibung, z. B. der räumlichen Verteilung der Objekte | Im Zentrum und NO am höchsten; in allen Regionen Anstieg der Verkaufszahlen,<br>Anstieg in allen Regionen ähnlich stark |

Mit allen weiteren thematischen Ebenen verfahren Sie ebenso.

Zusammenhänge

Nachdem Sie alle thematischen Ebenen einzeln beschrieben haben, analysieren Sie, ob Zusammenhänge zwischen den Ebenen bestehen.

| **Arbeitsschritt** | **Im BMW-Beispiel** |
|---|---|
| Benennen der Zusammenhänge zwischen den Ebenen | Ebene 1 (Händlerstandorte) korreliert positiv mit Ebene 2 (Absatzzahlen): je höher die Händlerdichte in einer Region, desto höher der Absatz |

Bei mehr als zwei Ebenen führen Sie dieses Verfahren fort, bis Sie jede Ebene zu jeder anderen in Beziehung gesetzt haben.

In unserem Beispiel haben wir die thematischen Ebenen nacheinander abgehandelt und dann deren Zusammenhänge beschrieben. Zur Analyse von topographischen Karten bietet sich ein anderes Vorgehen an: Teilen Sie das Gebiet der TK in homogene räumliche Einheiten auf (z. B. Berg, Tal, Ebene), anschließend beschreiben Sie jede Raumeinheiten einzeln.

Interpretieren der Karte

Ziel der bisherigen Arbeitsschritte war, die in der Karte enthaltene Information strukturiert zu lesen. In den folgenden Schritten wollen Sie die Karte interpretieren, d. h. die gelesenen Sachverhalte erklären. Als Geowissenschaftler werden Sie dabei vor allem an der Erklärung der räumlichen Verteilungen interessiert sein.

| **Arbeitsschritt** | **Im BMW-Beispiel** |
|---|---|
| Bilden einer Hypothese (Vermutung über einen kausalen Zusammenhang) | Hypothese: Agglomerationen der Händler liegen vor allem in den Bevölkerungsagglomerationen |
| ggf. Einholen von Zusatzinformationen (aus Lehrbüchern, Statistiken, anderen Karten, etc.) | In Mexiko-Länderkunden die Bevölkerungszahl und dichte nach Provinzen recherchieren |
| kritisch-rationale Prüfung der Hypothese: Versuchen Sie, die Hypothese zu widerlegen. Gelingt dies nicht, ist sie anzunehmen. | Falls der Anteil der urbanen Händler signifikant geringer ist als der Anteil der urbanen Bevölkerung, die Hypothese ablehnen<br>Anteil der urbanen Händler ist 100%, Anteil der urbanen Bevölkerung 75% |
| Annehmen oder Verwerfen der Hypothese | Hypothese kann angenommen werden |

Prüfen Sie auf diese Weise die für Sie interessanten Hypothesen, z. B. „Die Anzahl der Händler in einer Region korreliert positiv mit dem Wohlstandsniveau."

Gerade weil Karten uns aus dem alltäglichen Gebrauch vertraut sind, sollten Sie nicht leichtfertig an das Lesen und Interpretieren einer Karte herangehen, sondern immer versuchen, präzise Aussagen zu treffen. Beachten Sie insbesondere:

Häufige Fehler bei der Karteninterpretation

- Nehmen Sie eine Hypothese nie ohne ernsthafte Prüfung an, selbst wenn die Hypothese trivial erscheint.
- Suchen Sie nicht nach Belegen für Ihre Hypothesen. Stattdessen sollten Sie ernsthaft versuchen, die Hypothese zu widerlegen. Nur wenn dies nicht gelingt, können Sie die Hypothese annehmen (kritisch-rationales Vorgehen).
- Seien Sie vorsichtig, wenn Sie Aussagen verbinden: Zwei richtige Sachverhalte sind (A) „Das Händlernetz ist in bestimmten Regionen dichter als in anderen." (B) „In den Regionen mit dichtem Händlernetz werden mehr Fahrzeuge verkauft." Es liegt nahe, aus Sachverhalt A den Sachverhalt B zu folgern. Damit verwechseln Sie jedoch die Korrelation (Gleichgerichtetheit) der beiden Sachverhalte mit einem kausalen Zusammenhang.
- Auch fehlende Informationen zum dargestellten Sachgebiet können die Interpretation erschweren: Wenn Sie nicht wissen, welche Produkte das Unternehmen BMW herstellt, können Sie kaum sinnvolle Hypothesen aufstellen. Die entsprechende Information ist also vor der Interpretation zu beschaffen.
- Im Beispiel könnten Sie die Aussage treffen: „In Region A ist der Kreis doppelt so groß wie in Region B, es wurden also doppelt so viele Fahrzeuge verkauft." Dies ist falsch, da die Skala logarithmisch aufgebaut ist. Achten Sie genau auf die Aussagen der Legende und erläuternder Texte, um derartige Lesefehler zu vermeiden.
- Vor allem bei der Interpretation Topographischer Karten kommt es oft zu Aussagen wie: „Das Siedlungsgebiet liegt im Flusstal, das Vorhandensein von Wasser war Grund der Ansiedelung an dieser Stelle." Diese Erklärung menschlichen Handelns anhand natürlicher Gegebenheiten bezeichnet man als Naturdeterminismus, i. d. R. sind solche Begründungen zu monokausal.
- Nehmen Sie nicht an, dass die Karte geometrisch genau ist. Jede Karte beinhaltet Verzerrungen der Längen- und/oder Flächenverhältnisse. Eine Aussage wie „Kanada ist deutlich größer als die USA, daher …" ist falsch, tatsächlich sind die USA und Kanada etwa gleich groß.

Weitere Informationen zur Karteninterpretation und viele Interpretationsbeispiele finden Sie bei Hüttermann (1979), außerdem bei Fezer (1976), Hüttermann (1998), Hüttermann (1993) und Muehrcke (1986).

Aufgabe

Unter www.hennermann.net finden Sie Übungsaufgaben zu diesem Kapitel, deren Bearbeitung wir empfehlen.

# 6 Geodaten als Abbildung der Realität

## 6.1 Räumliche Beschreibungen

Bisher haben wir uns mit Karten als Träger von Informationen beschäftigt. Im Folgenden wollen wir uns ansehen, wie diese Informationen zustande kommen.

Geoinformationen und Geodaten

Jeder Mensch ist bewusst oder unbewusst laufend einer Vielzahl raumbezogener Fragestellungen ausgesetzt:

- Welchen Weg muss ich nehmen, um am schnellsten von A nach B zu gelangen?
- Welchen Weg muss ich nehmen, um auf dem kürzesten Weg von A nach B zu gelangen?
- Wo befindet sich der beste Standort für mein Unternehmen?
- Wo sind bisher ungenutzte Absatzmärkte für mein Produkt?
- Wer ist der Eigentümer eines bestimmten Grundstücks?
- Wie sind die Geländeformen im Alpenvorland zu erklären?
- Welche Flächen werden bei einem Hochwasser einer bestimmten Stärke überflutet?
- Wo existieren in meiner Stadt soziale Problemgebiete?
- Was hat es mit dem ökonomischen Nord-Süd-Gefälle auf sich? Existieren tatsächlich globale Wohlstandsdisparitäten?

Um diese Fragen zu beantworten, benötigen wir Daten darüber, wo bestimmte Sachverhalte vorliegen. Diese Daten bezeichnen wir als Geodaten.

Definition

> Geodaten sind Daten, die reale räumliche Strukturen und Prozesse nachbilden.

Geodaten ermöglichen die Beantwortung raumbezogener Fragestellungen ähnlich den oben angeführten. Sie können in einer Vielzahl von Formen vorliegen, z. B. als textliche Beschreibung eines Raumes, als Datentabellen oder als visuelle Nachbildungen in Form von Karten oder virtuellen Landschaften.

Modellbildung

Daten sind jedoch nicht gleichzusetzen mit Informationen, vielmehr stellen Daten nur Faktensammlungen dar, aus der mit Wissen und Transformationsregeln Informationen gewonnen werden können. Wir beschäftigen uns im weiteren Verlauf mit den visuellen Darstellungen von Geodaten und ihrer Aufbereitung zu Informationen. Dabei differenzieren wir einzelne Realelemente (Entitäten), beschreiben diese sowie die Zusammenhänge zwischen ihnen und erhalten so ein Modell realer räumlicher Strukturen und Prozesse.

Ein Beispiel: „Die Ludwigstraße verläuft vom Odeonsplatz zur Universität und mündet dann in die Leopoldstraße. Am Ende der Ludwigstraße liegt an der rechten Straßenseite das Gebäude der Fakultät für Betriebswirtschaft."

Diese beiden kurzen Sätze enthalten eine Vielzahl an Informationen über eine reale Situation. Sie behandeln einige Objekte, die wir als „Ludwigstraße", „Odeonsplatz", „Leopoldstraße", „Universität" und „Gebäude der Fakultät für Betriebswirtschaft" bezeichnen können. Das Objekt „Ludwigstraße" besitzt einen Ausgangs- und einen Zielpunkt und damit eine Streckenlänge und eine Richtung. Die Objekte „Ludwigstraße" und „Gebäude der Fakultät für Betriebswirtschaft" sind durch eine Nachbarschaftsbeziehung der Art „rechts" verbunden. Dieses einfache Beispiel zeigt: Wir können reale Sachverhalte aufgrund ihrer Komplexität i. d. R. nicht vollständig wiedergeben. Erst wenn wir diese Komplexität reduzieren, können wir sie mit Texten, Tabellen und Grafiken beschreiben.

Die Elemente der Realität bezeichnen wir als Entitäten. Entitäten stehen in bestimmten Beziehungen (Relationen) zueinander. Jede Entität besitzt bestimmte Eigenschaften, die wir messen oder benennen können (Name und Einwohnerzahl einer Stadt, Gewinn und Umsatz eines Unternehmens, etc.).

> Entitäten sind unterscheidbare Elemente der realen Welt oder der Vorstellungswelt.

Um einen realen Sachverhalt als Daten zu erfassen, müssen wir die Komplexität der Realität reduzieren. Hierzu führen wir zwei Schritte durch:

- Klassenbildung: Alle Entitäten mit vergleichbaren Eigenschaften werden zu Klassen zusammengefasst (Städte, Unternehmen, Straßen, Personen, etc.).
- Auswahl von Eigenschaften (Abstraktion): Von jeder Entität werden nur bestimmte Eigenschaften erfasst.

Um zwischen der Entität und ihrer modellhaften Beschreibung zu differenzieren, bezeichnen wir letztere als Objekt (engl. *Feature*). Das Objekt weist nur einen Teil der Eigenschaften der zugrunde liegenden Entität auf.

> Objekte sind verbale, numerische oder visuelle Beschreibungen von Entitäten.

Besitzt ein Objekt einen spezifischen Standort oder einen spezifischen Raum auf der Erdoberfläche, so bezeichnen wir es als räumliches Objekt oder Geo-Objekt.

> Räumliche Objekte oder Geo-Objekte sind Objekte, welche an einen spezifischen Standort oder einen spezifischen Raum gebunden sind.

Zu jedem Objekt erfassen wir bestimmte Eigenschaften. In der Informatik bezeichnen wir die erfassten Eigenschaften als Attribute, in der Statistik als Variablen. Bei räumlichen Objekten sind insbesondere Attribute wie Lage, Form, Streckenlänge, Fläche, etc. von Interesse, diese Attribute heißen

Raumattribute. Attribute, welche sich auf nicht-räumliche Eigenschaften beziehen, z. B. Einwohnerzahl, bezeichnen wir hingegen als Sachattribute.

> Attribute sind messbare oder benennbare Eigenschaften von Objekten.
>
> Räumliche Objekte besitzen Raumattribute und optional Sachattribute.
>
> Bei der Arbeit mit Geodaten ist immer zu beachten: Geodaten (Raumdaten) bilden die Realität modellhaft nach, sind aber nicht mit der Realität gleichzusetzen.

Logische Geodatenmodelle

Im vorangegangenen Abschnitt hatten wir ausgeführt, dass wir zur Reduzierung von Komplexität die Entitäten zu Objekten vereinfachen und zu Klassen zusammenfassen.

Diese Abstraktion kann mehr oder weniger stark strukturiert sein. Das oben angeführte Beispiel „Ludwigstraße" ist wenig strukturiert, es stützt sich alleine auf semantische Kategorien der Alltagserfahrung. Ein Beispiel für ein stark strukturiertes Kategorienschema zur Nachbildung realer Situationen ist das „Amtliche Topographisch-Kartographische Informationssystem" (ATKIS), das in der amtlichen Vermessung eingesetzt wird. Ein Bestandteil von ATKIS ist der ATKIS-Objektartenkatalog (ATKIS-OK), eine Vorschrift, nach der die reale Landschaft nachgebildet wird. Abbildung 6-1 zeigt einen Ausschnitt aus dem ATKIS-OK.

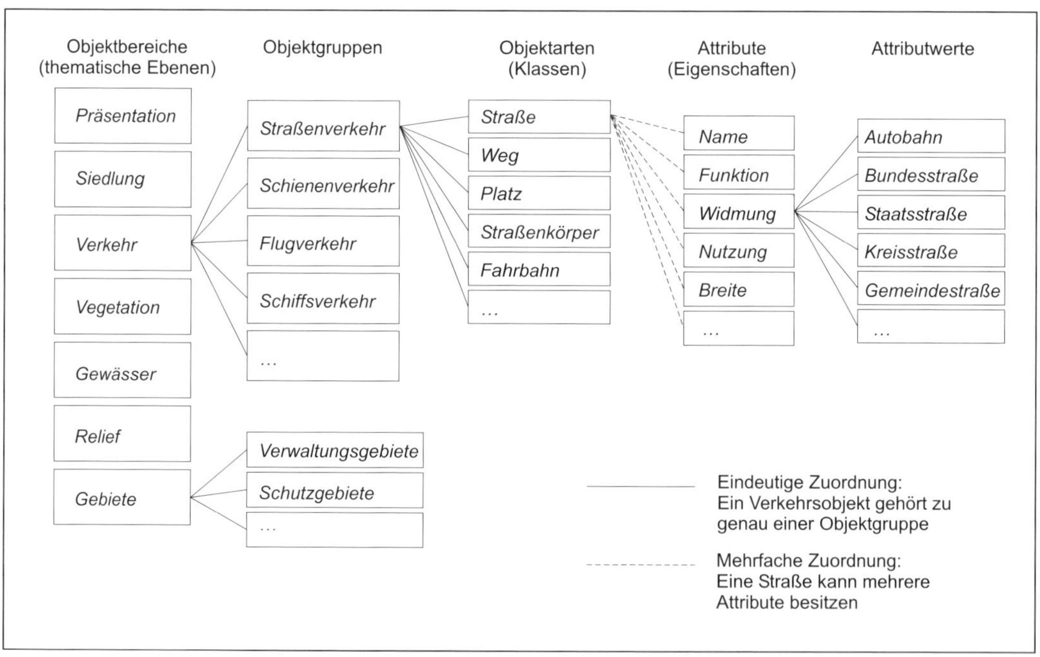


Abbildung 6-1: Aufbau des ATKIS-Objektartenkataloges

Die zweite Komponente neben dem Objektartenkatalog des ATKIS ist das digitale Landschaftsmodell (DLM). Das DLM enthält die topographischen Objekte der Landschaft (z.B. Ortschaften, Straßen, Waldflächen, Flüsse, etc.) Zu jedem Objekt des DLM werden die räumliche Lage (Koordinaten), der geometrische Typ (Punkt, Linie, Fläche), beschreibende Attribute (z.B. Straßenname, Fahrbahnbreite) sowie Beziehungen zu anderen Objekten (Relationen) gespeichert. Der ATKIS-OK gibt also nur eine Datenstruktur vor, die eigentlichen Daten, welche die Landschaft nachbilden, werden im DLM gespeichert.

Ein weiteres Beispiel für die Nachbildung realer Landschaften ist das EU-Projekt CORINE (*Coordinated Information on the European Environment*, vgl. EUROSTAT 1985, EEA 1995). CORINE wird von der Europäischen Umweltagentur EEA geführt und besteht ebenfalls aus zwei Komponenten:

- Das Klassifikationsschema *CORINE Land Cover Classification*. Hierbei handelt es sich, ähnlich dem ATKIS-OK, um eine Nomenklatur zur Klassifikation der Bodenbedeckung. Die CORINE-Nomenklatur unterscheidet 44 Kategorien der Bodenbedeckung, gegliedert in drei hierarchische Ebenen (Tab. 6-1). Die geometrische Genauigkeit erfasst alle Flächen ab 25 ha und entspricht einem Maßstab von ca. 1 : 100 000, das Folgeprojekt CLC 2000 soll alle Flächen ab 5 ha erfassen. Wie die Nomenklatur zeigt, erfasst CORINE ausschließlich die Bodenbedeckung und keine weiteren Informationen wie Ortsnamen o. ä.

| Ebene 1 (Code / Benennung) | Ebene 2 (Code / Benennung) | Ebene 3 (Code / Benennung) |
|---|---|---|
| 1. / Bebaute Flächen | 1.1. / Städtische geprägte Flächen | 1.1.1. / Durchgängig städtische Prägung |
| | | 1.1.2. / Nicht durchgängig städtische Prägung |
| | 1.2. / Industrie-, Gewerbe- und Verkehrsflächen | 1.2.1. / Industrie- und Gewerbeflächen |
| | | 1.2.2. / Straßen-, Eisenbahnnetze und funktionell zugeordnete Flächen |
| | | 1.2.3. / Hafengebiete |
| | | 1.2.4. / Flughäfen |
| | 1.3. / Abbauflächen, Deponien, Baustellen | 1.3.1. / Abbauflächen |
| | | 1.3.2. / Deponien und Abraumhalden |
| | | 1.3.3. / Baustellen |
| | 1.4. / Künstlich angelegte, nicht landwirtschaftlich genutzte Grünflächen | 1.4.1. / Städtische Grünflächen |
| | | 1.4.2. / Sport- und Freizeitanlagen |
| 2. / Landwirtschaftliche Flächen | 2.1. / Ackerflächen | 2.1.1. / Nicht bewässertes Ackerland |
| | | 2.1.2. / Regelmäßig bewässertes Ackerland |
| | | 2.1.3. / Reisfelder |

| | | |
|---|---|---|
| | 2.2. / Dauerkulturen | 2.2.1. / Weinbauflächen |
| | | 2.2.2. / Obst- und Beerenobstbestände |
| | | 2.2.3. / Olivenhaine |
| | 2.3. / Grünland | 2.3.1. / Wiesen und Weiden |
| | 2.4. / Landwirtschaftliche Flächen heterogener Struktur | 2.4.1. / Einjährige Kulturen in Verbindung mit Dauerkulturen |
| | | 2.4.2. / Komplexe Parzellenstrukturen |
| | | 2.4.3. / Landwirtschaftlich genutztes Land mit Flächen natürlicher Vegetation von signifikanter Größe |
| | | 2.4.4. / Land- und Forstwirtschaftliche Flächen |
| 3. / Wälder und naturnahe Flächen | 3.1. / Wälder | 3.1.1. / Laubwälder |
| | | 3.1.2. / Nadelwälder |
| | | 3.1.3. / Mischwälder |
| | 3.2. / Strauch- und Krautvegetation | 3.2.1. / Natürliches Grünland |
| | | 3.2.2. / Heiden und Moorheiden |
| | | 3.2.3. / Hartlaubbewuchs |
| | | 3.2.4. / Wald-Strauch-Übergangsstadien |
| | 3.3. / Offene Flächen ohne oder mit geringer Vegetation | 3.3.1. / Strände, Dünen und Sandflächen |
| | | 3.3.2. / Felsflächen ohne Vegetation |
| | | 3.3.3. / Flächen mit spärlicher Vegetation |
| | | 3.3.4. / Brandflächen |
| | | 3.3.5. / Gletscher und Dauerschneegebiete |
| 4. / Feuchtflächen | 4.1. / Feuchtflächen im Landesinnern | 4.1.1. / Sümpfe |
| | | 4.1.2. / Torfmoor |
| | 4.2. / Feuchtflächen an der Küste | 4.2.1. / Salzwiesen |
| | | 4.2.2. / Salinen |
| | | 4.2.3. / In der Gezeitenzone liegende Flächen |
| 5. / Wasserflächen | 5.1. / Wasserflächen im Landesinnern | 5.1.1. / Gewässerläufe |
| | | 5.1.2. / Wasserflächen |
| | 5.2. / Meeresgewässer | 5.2.1. / Lagunen |
| | | 5.2.2. / Mündungsgebiete |
| | | 5.2.3. / Meere und Ozeane |

Tabelle 6-1: CORINE-Nomenklatur

- Der zweite Bestandteil von CORINE ist der Datensatz *CORINE Land Cover (CLC)*. Dieser ist, ähnlich wie das DLM, ein raumbezogener Datensatz, der anhand der CORINE-Nomenklatur erstellt wurde. Der Datensatz umfasst flächendeckend das Gebiet der EU und der Beitrittskandidatenländer. Er wird seit 1994 anhand von Satellitenbildern erstellt und regelmäßig aktualisiert.

Den ATKIS-OK, die CORINE-Nomenklatur und vergleichbare strukturierte Schemata zur Erfassung von Geodaten bezeichnen wir als logische Geodatenmodelle.

> Ein logisches Geodatenmodell ist ein strukturiertes Schema geographischer Information.

Theoretisch sind unendlich viele logische Geodatenmodelle denkbar. Ihnen ist aber immer gemeinsam, dass sie Angaben zu Lage und Form der Objekte vorsehen.

## 6.2 Statistische Beschreibungen

Datentypen

Die Tabellen 6-2 und 6-3 zeigen zwei Beispiele strukturierter Daten. Zu jedem Objekt (Zeile) sind in den Spalten der Tabelle bestimmte Eigenschaften angegeben (Name, Bilanzsumme, etc.). In der Statistik bezeichnet man diese Eigenschaften als Variablen oder Merkmalsdimensionen, in der Informatik als Attribute. Jedes Attribut kann für jedes Objekt einen Wert annehmen (z. B. kann das Attribut „Name" den Wert „Siemens AG" haben, das Attribut „Mitarbeiter" den Wert „70300", etc.).

| Name | Bilanzsumme 2002, Mio. EURO | Bilanzierungsmethode 2002 | Mitarbeiter 2002 | Ausgaben für F&E 2002, Mio. EURO | Börsennotiert |
|---|---|---|---|---|---|
| Siemens AG | 77 939 | US-GAAP | 426 000 | 5 819 | ja |
| Deutsche Telekom AG | 125 821 | HGB | 256 000 | k.A. | ja |
| SAP AG | 5 609 | US-GAAP | 28 800 | 909 | ja |
| Allianz AG | 852 056 | IAS | 181 600 | k.A. | ja |
| TUI AG | 15 517 | IAS | 70 300 | k.A. | ja |
| August Oetker KG | 3 812 | HGB | 18 000 | k.A. | nein |
| Merck AG | 7 510 | IAS | 34 500 | 608 | ja |
| ... | ... | ... | ... | ... | ... |

Tabelle 6-2: Tabelle mit Sachdaten

Eigenschaften von Objekten, die „gemessen“ werden, heißen Attribute (auch: Variablen, Merkmalsdimensionen).

Eine Variable kann für ein Objekt einen Wert (auch: eine Merkmalsausprägung) annehmen.

| Lage/Form | Gebiets-schlüssel | Kreisname | Fläche (km²) am 1.1.2003 | Bevölkerung am 31.12.2003 |
|---|---|---|---|---|
| 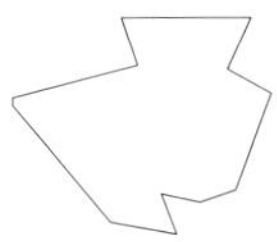 | 09187 | Rosenheim | 1 439,49 | 243 714 |
| 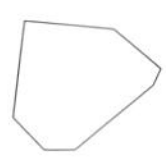 | 09171 | Altötting | 569,39 | 109 611 |
| 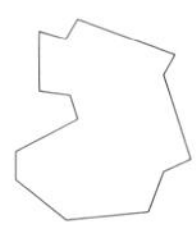 | 09173 | Bad Tölz – Wolfratshausen | 1 110,66 | 118 731 |
|  | 09172 | Berchtesgadener Land | 839,93 | 101 738 |
| ... | ... | ... | ... | ... |

Tabelle 6-3: Tabelle mit Geodaten

Eine Eigenschaft (Attribut) kann als Zahl messbar sein (Umsatz, Einwohnerzahl, etc.). Diese Eigenschaften und Daten heißen *quantitativ.* Mit quantitativen Daten können Sie Berechnungen vornehmen, z. B. den durchschnittlichen Umsatz von Unternehmen bestimmen.

Anders bei Eigenschaften, die sich nur verbal beschreiben lassen (Name, Bilanzierungsmethode, Börsennotiert, etc.). Diese Eigenschaften und Daten heißen *qualitativ,* hierauf sind mathematische Verfahren nicht sinnvoll anwendbar (z. B. ein Durchschnitt der Börsennotierung). Dabei können qualitative Daten auch aus Ziffern bestehen, betrachten Sie z. B. in der Landkreistabelle die Variable „Gebietsschlüssel“, die Ziffernfolge stellt hier nur einen Code dar, keine Zahl.

Ein dritter Datentyp liegt in der Landkreistabelle mit der Variablen Lage/Form vor. Diese Daten sind weder quantitativ noch qualitativ, sondern geben die räumlichen Eigenschaften der Objekte an. Diesen Datentyp bezeichnen wir als Raumdaten oder Geodaten.

> Wir unterscheiden drei Datentypen: Quantitative Daten sind berechenbare Zahlenwerte. Qualitative Daten sind verbale Beschreibungen. Raumdaten (Geodaten) sind räumliche Beschreibungen.

Datentypen in ArcGIS

Für Daten, die als Objekte und deren Eigenschaften strukturiert sind, ist eine Matrix (Tabelle) die übersichtlichste Darstellungsform. Dabei repräsentiert i. d. R. jede Zeile ein Objekt, jede Spalte eine Variable. In ArcGIS bezeichnen wir eine Zeile der Tabelle als *Record,* eine Spalte als Feld oder *Field.*

In ArcGIS müssen wir beim Definieren von Feldern angeben, welchen Datentyp das Feld enthalten soll. Für qualitative Daten definieren wir Felder i. d. R. als „Type = Text", für quantitative Daten als „Type = Double" (Dezimalzahl mit bis zu 16 Stellen). Raumdaten erhalten automatisch den Datentyp „Shape".

In ArcGIS ist es möglich, dass Tabellen nur qualitative Daten enthalten (wie Tab. 6-2). Diese Daten bezeichnen wir als Sachdaten. Eine ArcGIS-Tabelle kann aber auch ein Feld mit Raumdaten enthalten wie Tabelle 6-3, in diesem Fall bezeichnen wir die Tabelle als Geodaten-Tabelle. Die nichträumlichen Daten heißen dann Attributdaten.

> In ArcGIS-Tabellen werden Daten als Matrix aus *Records* und *Fields* dargestellt.
>
> Daten ohne räumliche Aussage heißen Sachdaten.
>
> Daten mit räumlicher Aussage heißen Geodaten. Geodaten bestehen aus Raum- und Attributdaten.

Grundgesamtheit und Stichprobe

In beiden Tabellen repräsentiert jede Zeile ein Objekt (ein Unternehmen, ein Landkreis). Wollen wir z. B. die Bevölkerungsverteilung in Bayern untersuchen, können wir für diese Untersuchung Daten der Landkreise heranziehen. In diesem Fall stellen die Landkreise die Untersuchungseinheiten dar.

> Die in einer Untersuchung verwendeten Elemente heißen Untersuchungseinheiten, Fälle oder Objekte.

In wissenschaftlichen Untersuchungen sind möglichst alle in Frage kommenden Objekte zu berücksichtigen: Wenn Sie z. B. eine Studie über die Umsatzentwicklung deutscher Unternehmen anfertigen, wollen Sie die Umsätze aller Unternehmen erfassen. Die Gesamtheit der relevanten Objekte bezeichnet man als Grundgesamtheit oder Population.

> Die Grundgesamtheit bezeichnet die Menge aller Elemente, über die in einer Untersuchung Erkenntnisse gewonnen werden sollen.

In vielen Situationen ist es nicht möglich, die Grundgesamtheit vollständig zu erfassen. In diesen Fällen nimmt man eine Teilmenge (Stichprobe) aus der Grundgesamtheit und versucht mit statistischen Methoden, anhand der Stichprobe Aussagen über die Grundgesamtheit zu treffen. Die Stichprobe soll so zusammengesetzt sein, dass die untersuchungsrelevanten Eigenschaften der Grundgesamtheit möglichst genau abgebildet werden.

> Eine Stichprobe (auch: Sample) ist eine Teilmenge der Grundgesamtheit.

Skalenniveaus: Nominal

Bei bestimmten Variablen lassen sich die Ausprägungen nicht nach Wertigkeit sortieren. Dies ist z. B. der Fall bei den Variablen Unternehmensname, Bilanzierungsmethode, Börsennotierung, Landkreisname und Gebietsschlüssel.

In diesem Fall sind nur folgende Aussagen sinnvoll:

$V_1 = V_2$
$V_1 \neq V_2$
mit $V_i$ = Ausprägung des Falles i für die Variable V

In diesem Fall spricht man davon, dass die Variable nominal (auch: kategorial) skaliert ist bzw. nominales Skalenniveau besitzt.

> Qualitative Daten können nominal skaliert sein. Bei nominalen Skalen sind nur Aussagen über Gleichheit oder Ungleichheit von Werten möglich.

Skalenniveaus: Ordinal

Ein anderer Fall, ebenfalls für qualitative Daten, liegt vor, wenn zwischen den Ausprägungen eine Rangfolge besteht, ohne dass die Abstände bestimmt werden könnten. Dies ist z. B. der Fall, wenn Gewässergüte in den Kategorien 1 (unbelastet) bis 5 (stark belastet) angegeben ist. Hier ist eine Rangfolge vorhanden, aber über die Abstände zwischen den Werten ist keine Aussage möglich (die Gewässergüte 5 ist z. B. nicht die Summe aus Gewässergüte 2 und 3).

Beim Vergleich von zwei Ausprägungen sind folgende Aussagen sinnvoll:

$V_1 = V_2$
$V_1 \neq V_2$
$V_1 > V_2$
$V_1 < V_2$
mit $V_i$ = Ausprägung des Falles i für die Variable V

Eine Variable, deren Ausprägungen sich in eine Rangfolge bringen lassen, heißt ordinal skaliert bzw. besitzt ordinales Skalenniveau.

> Qualitative Daten können ordinal skaliert sein. Ordinale Skalen besitzen eine Rangfolge.

Im Gegensatz zu den qualitativen Daten liegen quantitative immer als Zahlen auf einer Skala mit konstanten, definierten Intervallen vor und können mathematisch verrechnet werden. Hier sprechen wir davon, dass die Variable metrisch skaliert ist bzw. metrisches Skalenniveau besitzt. Dabei ist nochmals zu unterscheiden:

Skalenniveaus: Intervall

Daten, bei denen der Unterschied zwischen zwei Werten angegeben werden kann. Ein Beispiel hierfür ist der Intelligenzquotient: ein IQ von 120 ist um 30 höher als der IQ-Wert 90. Sinnvolle Aussagen sind daher:

$V_1 = V_2$
$V_1 \neq V_2$
$V_1 > V_2$
$V_1 < V_2$
$V_1 = V_2 + a$
mit $V_i$ = Ausprägung des Falles i für die Variable V; $a \in \mathbb{R}$ (a ist ein Element der Menge der reellen Zahlen)

Hier sprechen wir von einer Intervallskala oder von intervallskalierten Daten.

> Quantitative Daten können intervallskaliert sein. Bei einer Intervallskala kann der Unterschied zwischen zwei Werten sinnvoll angegeben werden.

Skalenniveaus: Rational

Im IQ-Beispiel können wir Differenzen angeben, jedoch ist die Aussage, eine Person mit IQ 140 sei doppelt so klug wie eine Person mit IQ 70, nicht sinnvoll. Solche Aussagen über das Verhältnis zweier Werte erfordern eine Skala mit natürlichem Nullpunkt. Beispiele hierfür sind Bilanzsumme, Einwohnerzahl oder Einwohnerdichte. In diesen Variablen können Aussagen über das Verhältnis zweier Werte gemacht werden – z. B. die Aussage, dass die Einwohnerzahl von Altötting doppelt so hoch wie die Einwohnerzahl von Rosenheim ist. Sinnvolle Aussagen sind daher:

$V_1 = V_2$
$V_1 \neq V_2$
$V_1 > V_2$
$V_1 < V_2$
$V_1 = V_2 + a$
$V_1 = V_2 * a$
mit $V_i$ = Ausprägung des Falles i für die Variable V; $a \in \mathbb{R}$

Hier sprechen wir von einer Ratioskala oder von ratioskalierten Daten.

> Quantitative Daten können ratioskaliert sein. Eine Ratioskala besitzt einen absoluten Nullpunkt, das Verhältnis zweier Werte kann sinnvoll angegeben werden.

Die Frage, welches Skalenniveau Daten aufweisen, hat durchaus praktische Bedeutung, da das Vorgehen bei der Datenerfassung, die statistische Auswertung sowie die Gestaltung von Karten vom Skalenniveau der jeweiligen Daten abhängt.

Stetige und diskrete Differenzierung

Neben dem Skalenniveau ist eine Variable durch ihre Differenzierung charakterisiert. Diese gibt an, ob die Variable jede beliebige reelle Zahl oder nur bestimmte Werte annehmen kann.

Kann ein Phänomen prinzipiell in beliebiger Genauigkeit gemessen werden, und das Messergebnis jede reelle Zahl (Zahl mit Dezimalstellen) annehmen, so sprechen wir von einer stetigen Variablen. Beispiele hierfür sind Flächengröße oder Bevölkerungsdichte. Kann eine Variable hingegen nur endlich viele oder abzählbar unendlich viele reelle Werte annehmen, sprechen wir von diskreten oder kategorialen Variablen. Beispiele hierfür sind Bilanzierungsverfahren (drei mögliche Werte, keine Zwischenwerte), Bilanzsumme (kleinstmögliche Differenzierung: 0,01 €) oder Bevölkerungszahl (kleinstmögliche Differenzierung: eine Person). Ein Spezialfall einer diskreten Variablen liegt vor, wenn die Variable nur zwei Werte annehmen kann, z. B. Börsennotierung (ja/nein) oder Geschlecht (männlich/weiblich). Diese Variablen bezeichnet man als dichotome Variablen.

Qualitative Daten sind immer diskret, quantitative Daten können stetig oder diskret vorliegen. Raumdaten wie beispielsweise die Grenzen von Verwaltungseinheiten oder Landnutzungen sind ebenfalls meist diskret.

> Variablen, die jeden reellen Wert annehmen können, heißen stetig.
>
> Variablen die nur endlich viele oder abzählbar unendlich viele reelle Werte annehmen können, heißen diskret oder kategorial.

Zusammenfassung

Tabelle 6-4 gibt einen Überblick über die Möglichkeiten zur Beschreibung von Daten.

| Datentyp | Skalen-niveau | Differenzierung | Beispielvariable | Mögliche Ausprägungen der Beispielvariable |
|---|---|---|---|---|
| Qualitativ | Nominal | diskret | Bilanzierungs-verfahren | IAS, HGB, US-GAAP |
| | Ordinal | diskret | Gewässergüte | Gut/Mittel/Schlecht oder 1/2/3/4/5 |
| Quantitativ | Metrisch – Intervall | stetig oder diskret | Intelligenz-quotient | ...; 99; 100; 101; ... |
| | Metrisch – Ratio | stetig oder diskret | Einwohnerzahl | 0; 1; 2; 3; 4; 5; .... |

Tabelle 6-4: Möglichkeiten zur Beschreibung von Daten

Variablen in ArcGIS

In ArcGIS werden qualitative (kategoriale) Variablen als *Categories* bezeichnet, quantitative Variablen als *Quantities*.

Als weiterführende Literatur zur (Geo-)Statistik empfehlen wir Bahrenberg, Giese und Nipper (1999), Bortz (1999), Brosius (1998) sowie Wessel (1996).

Aufgabe

Unter www.hennermann.net finden Sie Übungsaufgaben zu diesem Kapitel, deren Bearbeitung wir empfehlen.

# 7 Erfassung von Geodaten: Eine eigene Kartierung

Bevor Sie eine Karte erstellen, prüfen Sie immer, ob Sie stattdessen eine bereits existierende Karte übernehmen können. Wollen oder müssen Sie eine Karte selbst erstellen, benötigen Sie natürlich die entsprechenden Daten. Hierbei können Sie entweder selbst Daten erheben (Primärdaten) oder auf bestehende Daten zurückgreifen (Sekundärdaten).

Primär- versus Sekundärdaten

> Primärdaten sind Daten, die eigens für den Untersuchungszweck erhoben werden, Sekundärdaten sind Daten, die für einen anderen als den Untersuchungszweck erhoben wurden.

Zu den Sekundärdaten zählen vor allem veröffentlichte Daten von statistischen Ämtern, Unternehmen und Verbänden. Sekundärdaten sind schnell verfügbar und im Vergleich zur Erhebung von Primärdaten kostengünstig, jedoch sind sie nicht immer geeignet, da sie oftmals nicht exakt die gewünschten Attribute beinhalten, durch Aggregation ungenau, nicht aktuell oder von fragwürdiger Qualität sind.

Primärdaten hingegen können wir genau so erfassen, wie wir sie benötigen, allerdings ist die Erfassung mit hohem Zeit- und Personalaufwand verbunden. Die Erfassung von raumbezogenen Primärdaten bezeichnen wir als Kartierung. Ergebnis der Kartierung ist nicht eine Karte, sondern ein Bestand an Geodaten. Diesen können wir ggf. in einem nachfolgenden Schritt kartographisch aufbereiten. Bevor Sie Primärdaten erfassen, prüfen Sie immer, ob gleichwertige Sekundärdaten existieren und Sie diese übernehmen können.

Beispielprojekt

Wir werden in diesem und einigen der folgenden Kapitel ein (hypothetisches) Projekt bearbeiten. In diesem Beispielprojekt werden wir die Standorte von Einzelhandelsunternehmen im näheren Umfeld der örtlichen Universität kartieren. Zusätzlich erfassen wir die Branchen, in welchen die Unternehmen tätig sind.

Definition der zu erfassenden Daten

Natürlich könnten Sie nun mit einem Blatt Papier Ihr Untersuchungsgebiet aufsuchen und eine Kartenskizze anfertigen. Dies birgt verschiedene Risiken:

- Sie stellen im Nachhinein fest, dass eine entsprechende Kartierung bereits existiert.
- Sie stellen vor Ort fest, dass Sie nicht wissen, wie weit das „Umfeld der Universität" reicht, wo also die Grenzen Ihres Untersuchungsgebietes liegen.
- Sie klassifizieren vor Ort Bäckereien als „Bäckerei", ein Kollege, der einen anderen Teil des Gebietes kartiert, klassifiziert sie als „Lebensmitteleinzelhandel". Derart inhomogen klassifizierte Daten können Sie später nicht ohne weiteres zusammenführen.
- Sie stellen im Nachhinein fest, dass Ihr Auftraggeber auch die Beschäftigtenzahlen der Unternehmen benötigt, Sie diese aber nicht erfasst haben.

Ohne systematisches Vorgehen kann es also vorkommen, dass bereits geleistete Arbeiten und Investitionen umsonst waren, im schlimmsten Fall sind die mit hohem Aufwand erfassten Daten völlig unbrauchbar. Daher sollten Sie vor Beginn der Kartierung genau definieren, welche Daten Sie erheben wollen und wie Sie bei der Erhebung vorgehen. Insbesondere bei der Arbeit in Projektgruppen muss das Vorgehen auch innerhalb der Gruppe abgestimmt werden, damit die Daten nach einem einheitlichen Datenmodell erhoben werden. Die im Datenmodell vorgegebenen Objekte und ihre Attribute sind dann genau und richtig zu erfassen.

Genauigkeit und Richtigkeit

Unterscheiden Sie bei jeder Datenerfassung zwischen Genauigkeit und Richtigkeit. Eine Datenerfassung ist genauer, je differenzierter Sie die Objekte erfassen. Richtigkeit hingegen bezeichnet die Möglichkeit, eine wahre Aussage zu treffen. Sie können z. B. eine Koordinate im Zentimeter-Bereich, also mit hoher Genauigkeit, bestimmen. Wenn Sie dabei jedoch ein schlecht geeichtes Messgerät verwenden, ist der Wert nicht richtig. Umgekehrt kann ein Gerät, welches nur im Meter-Bereich (also ungenau) misst, aber gut geeicht ist, einen richtigeren Wert anzeigen. Gleiches gilt für Klassifikationen: Eine Brancheneinteilung, die Ihnen ermöglicht, jedes Unternehmen schnell und eindeutig einer Branche zuzuordnen, ist möglicherweise nicht sehr genau, aber die Zuordnung ist meist richtig. Eine stark differenzierte Klassifikation kann hingegen zu vielen Fehlzuordnungen führen.

Untersuchungsgebiet

Bei jeder Kartierung müssen Sie definieren, was das Untersuchungsgebiet sein soll, welcher Raum also zu kartieren ist. Im Beispielprojekt ist dies das „Umfeld der Universität", dieser Begriff ist allerdings sehr unpräzise und bedarf einer genaueren Abgrenzung. Die einfachste Abgrenzung besteht in einem Kreis mit z. B. 500 m Radius und dem Hauptgebäude der Universität im Zentrum, diese Abgrenzung erfolgt allerdings willkürlich. Alternativ könnten Sie z. B. Studenten befragen, was diese als „Umfeld der Universität" betrachten und anhand dieser mental maps das Untersuchungsgebiet bestimmen. In unserem Beispiel wird die Abgrenzung durch den Projektleiter vorgegeben.

Bei der Kartierung vor Ort ist eine Grundkarte, welche topographische Elemente und die Abgrenzung des Untersuchungsgebietes enthält, hilfreich. (Abb. 7-1) Vor Ort werden die kartierten Objekte In diese Grundkarte eingezeichnet. Grundkarten in verschieden Maßstäben und Genauigkeiten sind bei den zuständigen Vermessungsbehörden erhältlich.

Untersuchungsobjekte

Welche Objekte wollen wir innerhalb dieses Gebietes erfassen? In unserem Beispiel ist dies auf den ersten Blick konkret vorgegeben, wir sollten zu jedem Unternehmensstandort einen Datensatz aufnehmen. Dabei müssen wir zu jedem Objekt die räumliche Lage (räumliche Eigenschaft) sowie die Branche (Attribut) erfassen. Als „Unternehmensstandort" betrachten wir jede Organisationseinheit, welche

- einer relevanten Branche (s.u.) zuzuordnen ist
- und in geschlossenen Räumen angesiedelt ist (also keine Verkaufsstände, etc.)
- und mit Personal besetzt ist (also keine Verkaufsautomaten, Telefonzellen etc.).

Abbildung 7-1:
Grundkarte zur Kartierung

Vollerhebung oder Stichprobe

Die Erfassung der Grundgesamtheit (alle relevanten Objekte im Untersuchungsgebiet) bezeichnen wir als Vollerhebung. Ist eine Vollerhebung nicht mit einem vertretbaren zeitlichen, personellen und finanziellen Aufwand möglich, müssen Sie mit einer Stichprobe (einer Teilmenge der Grundgesamtheit) arbeiten. Die Stichprobe sollte immer so gewählt werden, dass sie die Eigenschaften der Grundgesamtheit möglichst genau wiedergibt (repräsentative Stichprobe).

Raumstichproben

Ein Spezialfall der Stichprobe ist die Raumstichprobe. Sie zeichnet sich dadurch aus, dass die in der Stichprobe enthaltenen Objekte anhand ihrer räumlichen Lage ausgewählt werden.

Abbildung 7-2 zeigt drei verschiedene räumliche Verteilungen, wie sie aus der Kartierung von Unternehmen einer bestimmten Branche entstanden sein könnten. Die Verteilung (A) bezeichnen wir als geklumpt oder als Cluster-Verteilung, da sich die Objekte in bestimmten Räumen konzentrieren. Statistisch gesprochen besitzt diese Verteilung eine positive Autokorrela-

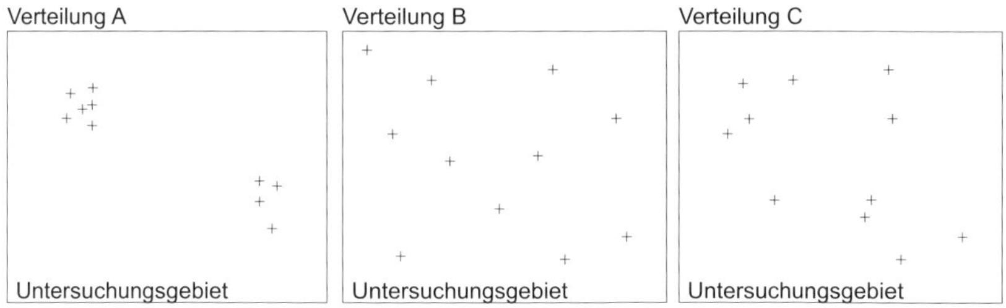


Abbildung 7-2: Räumliche Verteilungen

tion: Die Objekte befinden sich nahe gleichartiger Objekte. Dies kann darin begründet sein, dass diese Unternehmen eine Zielgruppe ansprechen, die an diesem Ort konzentriert vertreten ist, z. B. Copy Shops in der Umgebung der Universität. Verteilung (B) hingegen ist weit gestreut bzw. besitzt negative Autokorrelation: Die Objekte befinden sich möglichst weit von gleichartigen Objekten entfernt. Es könnte sich z. B. um Auslieferungslager eines Unternehmens handeln. Die zufällige Verteilung (C) liegt dazwischen.

Eine einfache Möglichkeit, die räumliche Verteilung zu quantifizieren, besteht in der Messung des Abstandes jedes Standortes zu seinem nächstgelegenen Standort (Strecke AB). Die Summe aller Abstände geteilt durch die Zahl der Strecken (n) ergibt die mittlere Distanz (d) zwischen einem Punkt und seinem nächstgelegenen Nachbarn. In der geklumpten Verteilung ist diese mittlere Distanz zum nächsten Nachbarn sehr gering, in der gestreuten Verteilung sehr hoch.

$$d = \frac{\sum_{n} \overline{AB}}{n}$$

Wenn wir eine räumliche Stichprobe entwickeln, müssen wir zuerst entscheiden, ob es sich bei den Objekten der Stichprobe um Punkt-, Linien- oder Flächenobjekte handelt. Bei Punktstichproben wird die zu erfassende Information an einem konkreten Punkt erfasst, dies ist z. B. sinnvoll, wenn im Rahmen eines Umweltprojektes die Grundwasserqualität mit punktuellen Bohrungen ermittelt wird. Beim Linienverfahren hingegen werden zwei Punkte mit einer Linie verbunden, entlang dieser Linie (Transekte) werden Informationen erfasst. So ließen sich z. B. mehrere Profile der Bodenpreise durch eine Region erstellen, anhand derer sich die Verteilung über die Gesamtfläche berechnen lässt. Die dritte gebräuchliche Variante ist die Flächenstichprobe, bei der bestimmte Flächen (Quadranten) im Untersuchungsgebiet definiert werden und innerhalb dieser eine Vollerhebung durchgeführt wird. Diese Quadranten sind i. d. R. quadratisch oder kreisförmig, können aber prinzipiell in jeder beliebigen Form erstellt werden. Ein Vorteil des Linien- und Flächenverfahrens ist, dass sich damit Verteilungen innerhalb der Stichproben (der jeweiligen Linie oder Fläche) sowie zwischen den Stichproben erfassen lassen.

Die Art der Stichprobenerfassung ist unabhängig von der räumlichen Kategorie der Grundgesamtheit: Wir können flächenhaft verteiltes Grundwasser anhand von Punktstichproben erfassen oder punkthafte Unternehmensstandorte mittels einer Flächenstichprobe, in letzterem Fall würden wir innerhalb der Stichprobenfläche alle Unternehmen erfassen.

Haben wir definiert, ob wir Flächen-, Linien oder Punktstichproben verwenden, müssen wir die räumliche Verteilung der Stichprobenelemente bestimmen. Hierfür stehen drei Methoden zur Verfügung.

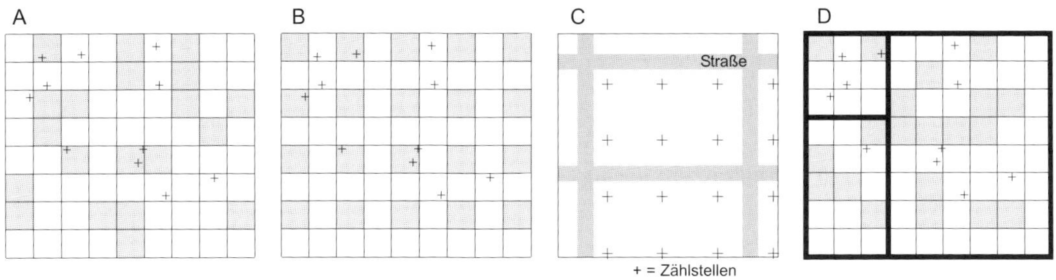


Abbildung 7-3: Räumliche Stichprobenverteilung

Bei der zufälligen Stichprobe (A in Abb. 7-3) teilen wir das Untersuchungsgebiet in gleichförmige Quadranten und bestimmen mit einem Zufallsverfahren einen bestimmten Anteil dieser Quadranten als Stichprobe. Im Beispiel wählen wir 25 % aller Quadranten, erfassen damit vier Objekte und können daraus extrapolieren (hochrechnen), dass im gesamten Untersuchungsgebiet 16 Objekte vorhanden sind (tatsächlich sind es 11 Objekte).

Variante (B) zeigt die systematische Verteilung. Hier verwenden wir dieselbe Anzahl an Stichproben, verteilen diese jedoch regelmäßig über das Untersuchungsgebiet. Im Beispiel finden wir fünf Objekte und extrapolieren auf 20 Objekte im Untersuchungsgebiet. (Das soll nicht bedeuten, dass zufällig verteilte Stichproben die Grundgesamtheit immer richtiger wiedergeben als systematische, nur in diesem Beispiel hat es sich so ergeben.) Systematische Stichproben sind in der Praxis einfacher zu handhaben als zufällige, da sie mit einem simplen regelmäßigen Gitternetz über das Untersuchungsgebiet definiert werden können und die Übersicht über bereits erfasste Stichproben leichter zu bewahren ist. Allerdings kann gerade die Systematik das Ergebnis stark verfälschen, wenn der Gitterabstand mit einem einheitlichen Abstand der Objekte zusammenfällt (C). So kann z.B. eine Verkehrszählung in einem Gebiet mit regelmäßigem Straßenraster völlig falsche Ergebnisse liefern.

Eine Mischform der genannten Verfahren stellt (D), die geschichtete Stichprobenverteilung, dar. Hierbei benötigen wir einiges Vorwissen über das Untersuchungsgebiet und teilen es in relativ homogene Einheiten. Innerhalb jeder Einheit können wir nun systematische oder zufällige Verteilungen anwenden. Dies wäre z.B. der Fall, wenn Sie eine Region in ländliche und urbane Räume differenzieren und innerhalb jeden Typs Zufallsstichproben nehmen. So vermeiden Sie, dass die relativ kleinen urbanen Räume durch das feine Raster der Stichprobe fallen.

In unserer Beispielkartierung im Umfeld der Universität verfügen wir über für eine Vollerhebung notwendige Ressourcen, daher kommen keine Stichprobenverfahren zur Anwendung.

Räumliche Attribute

Welche räumlichen Eigenschaften (Raumattribute) der Objekte müssen wir erfassen? Zur Erinnerung: Uns stehen die Formen Punkt, Linie und Polygon zur Verfügung. Im Beispiel ist nur die Lage relevant, nicht aber die Form der Gewerbefläche. Daher können wir jeden Unternehmensstandort vereinfacht als Punkt auffassen. Da es sich um ein kleines Untersuchungsgebiet handelt, sollten wir die räumliche Lage gebäudegenau erfassen.

Dies kommt uns auch für die kartographische Ausgabe entgegen: Gehen wir davon aus, dass wir das gesamte Gebiet auf einem Kartenblatt im Format DIN A2 oder kleiner ausgeben wollen, ergibt sich ein Maßstab von 1:2000. In diesem Maßstab sind einzelne Gebäude gut differenzierbar, Flächen innerhalb der Gebäude jedoch nur schwer.

Ist die räumliche Genauigkeit festgelegt, können wir eine Grundkarte in einer der Fragestellung angemessenen Genauigkeit besorgen, z.B. eine Topographische Karte, Stadtgrundkarte, etc. Für spätere Arbeitsschritte benötigen wir auch die Angabe des Koordinatensystems der Grundkarte sowie die Koordinaten von mindestens zwei Punkten auf der Grundkarte (zum späteren Scannen; falls Sie die Karte später mit einem Digitalisierbrett digitalisieren wollen, benötigen Sie vier Punkte). Die Grundkarte sollten wir in ein passendes Blattformat bringen, Formate größer als DIN A3 oder kleiner als DIN A4 sind zur Kartierung unhandlich. Unter Umständen ist die Grundkarte auf mehrere Blätter aufzuteilen. Auf der Grundkarte zeichnen wir die Begrenzung unseres Untersuchungsgebietes ein.

Thematische Attribute

Zu jedem Objekt sind bestimmte thematische Attribute (Sachattribute) zu erfassen. In unserem Beispiel ist dies die Branche, in der ein Unternehmen tätig ist, weitere mögliche Sachattribute wären Beschäftigtenzahl, Geschäftsfläche, Umsatz, Mietpreis, etc. Auch bei diesen Angaben sollten Sie vor jeder Primärerhebung prüfen, ob Sekundärdaten verfügbar sind. In unserem Beispiel kämen als Anlaufstellen hierfür die kommunalen Verwaltungen, Branchenverbände, Industrie- und Handelskammern, etc. in Frage, aber auch Branchenbücher und Adressverzeichnisse wie die „Gelben Seiten". In unserem Beispiel haben Recherchen ergeben, dass die notwendigen Daten nicht vorliegen, Sie müssen also selbst kartieren.

Klassifikation

Vielfach ist es notwendig, die erhobenen Daten zu klassifizieren. Dabei können Sie

- vor der Erhebung eine Klassifikation festlegen und anstatt des genauen Attributwertes nur die entsprechende Klasse erheben oder
- den genauen Attributwert erheben und die Werte im Nachhinein klassifizieren.

Ersteres Verfahren bietet sich an, wenn Sie schon vor der Erfassung wissen, welche Klassen vorkommen werden, z.B. wenn Sie bestimmte, klar definierte Branchen untersuchen. Da Sie im Zuge der Kartierung zu jedem Objekt nur die Klasse erfassen müssen, reduziert sich der Erfassungsaufwand. Benötigen Sie jedoch nach der Erfassung die absoluten Werte, haben Sie keine Möglichkeit mehr, diese anhand der Klassen festzustellen. Falls Sie also unsicher sind, wie genau Sie die Daten für weitere Auswertungen benötigen, sollten Sie bei der Primärerfassung den genauen Attributwert aufnehmen.

Bei der Aufstellung einer Klassifikation ist zu beachten:

- Die Klassifikation muss vollständig sein, d.h. jedes mögliche Objekt muss einer Klasse zugeordnet werden können.
- Die Klassen müssen gegenseitig exklusiv sein, d.h. es dürfen keine Fälle auftreten, bei denen ein Objekt mehreren Branchen zugeordnet werden kann.

Branchenklassifikation

In unserem Beispiel müssen wir die Vorgabe „Einzelhandelsunternehmen" stärker differenzieren. Hierfür empfiehlt sich die Verwendung einer amtlichen Branchenklassifikation. Damit sind die erfassten Daten später mit anderen statistischen Sekundärdaten, denen ebenfalls diese Klassifikation zugrunde liegt, vergleichbar.

In Deutschland wird häufig die „Klassifikation der Wirtschaftszweige" (WZ-Klassifikation) des Statistischen Bundesamtes verwendet. Sie dient dazu, die wirtschaftlichen Tätigkeiten von Unternehmen und anderen statistischen Einheiten homogen zu erfassen. Die WZ-Klassifikation wird vom Statistischen Bundesamt gelegentlich verändert, zuletzt im Jahr 2003. Die aktuelle Ausgabe wird daher als WZ 2003 bezeichnet. Sie ist hierarchisch gegliedert und enthält 17 Abschnitte, 31 Unterabschnitte, 60 Abteilungen, 222 Gruppen, 513 Klassen und 1041 Unterklassen. Die WZ 2003 ist beim Statistischen Bundesamt erhältlich.

| Code | Bezeichnung |
|---|---|
| A | Land- und Forstwirtschaft |
| B | Fischerei und Fischzucht |
| C | Bergbau und Gewinnung von Steinen und Erden |
| D | Herstellung von Waren |
| E | Energie- und Wasserversorgung |
| F | Bau |
| G | Handel; Instandhaltung und Reparatur von Kraftfahrzeugen und Gebrauchsgütern |
| H | Beherbergungs- und Gaststätten |
| I | Verkehr und Nachrichtenübermittlung |
| J | Kreditinstitute und Versicherungen (ohne Sozialversicherung) |
| K | Grundstücks- und Wohnungswesen, Vermietung beweglicher Sachen, Erbringung von unternehmensbezogenen Dienstleistungen |
| L | Öffentliche Verwaltung, Verteidigung, Sozialversicherung |
| M | Erziehung und Unterricht |
| N | Gesundheits-, Veterinär- und Sozialwesen |
| O | Erbringung von sonstigen öffentlichen und persönlichen Dienstleistungen |
| P | Private Haushalte |
| Q | Exterritoriale Organisationen und Körperschaften |

Tabelle 7-1: NACE-Abschnitte

| | | | | |
|---|---|---|---|---|
| … | | | | |
| D: Herstellung von Waren | | | | |
| | DA: Herstellung von Nahrungs- und Genussmitteln, Tabakverarbeitung | | | |
| | | 15: Herstellung von Nahrungs- und Futtermitteln sowie Getränken | | |
| | | | 15.1: Schlachten und Fleischverarbeitung | |
| | | | | 15.11: Schlachten (ohne Schlachten von Geflügel) |
| | | | | 15.12: Schlachten von Geflügel |
| | | | | 15.13: Fleischverarbeitung |
| | | | 15.2: Fischverarbeitung | |
| | | | | 15.20: Fischverarbeitung |
| | | | 15.3: Obst- und Gemüseverarbeitung | |
| | | | | 15.31: Kartoffelverarbeitung |
| | | | | 15.32: Herstellung von Frucht- und Gemüsesäften |
| | | | | 15.33: Obst- und Gemüseverarbeitung a.n.g. |
| | | | 15.4: Herstellung von pflanzlichen und tierischen Ölen und Fetten | |
| | | | | 15.41: Herstellung von rohen Ölen und Fetten |
| | | | | 15.42: Herstellung von raffinierten Ölen und Fetten |
| | | | | 15.43: Herstellung von Margarine u. ä. Nahrungsfetten |
| | | | 15.5: Milchverarbeitung; Herstellung von Speiseeis | |
| | | | | 15.51: Milchverarbeitung |
| | | | | 15.52: Herstellung von Speiseeis |
| … | | | | |
| … | | | | |
| … | | | | |

Tabelle 7-2: Hierarchie der NACE-Klassifikation

Die WZ 2003 baut auf der innerhalb der EU verbindlichen „statistischen Systematik der Wirtschaftszweige in der Europäischen Gemeinschaft" (NACE Rev. 1.1) auf, diese wiederum auf der Klassifikation der Vereinten Nationen (ISIC Rev. 3.1). Wir verwenden für unsere Kartierung die NACE-Klassifikation.

Die NACE-Klassifikation gliedert sich in 17 Abschnitte (Tab. 7-1), diese wiederum sind unterschiedlich tief hierarchisch unterteilt. Insgesamt umfasst NACE über 800 Einträge, Tabelle 7-2 zeigt beispielhaft einen Ausschnitt hieraus.

Vor dem Beginn unserer eigenen Kartierung ist zu überlegen, in welcher Gliederungstiefe die Branchen zu erfassen sind. In unserem Beispiel wollen wir Einzelhandelsunternehmen erfassen (in NACE 1.1 der Code 52) und dabei die Teilbranchen möglichst stark differenzieren. Ein Beispiel für die dabei eingesetzte Branchenhierarchie können Sie unter www.hennermann.net abrufen.

Logisches Datenmodell

Unser Datenmodell enthält nach den bisherigen Festlegungen eine Klasse „Unternehmensstandorte". Dabei besitzt jeder Standort bestimmte Eigenschaften (Attribute), die wir erfassen müssen. Diese sind

- die Lage als Punkteintrag auf einer Grundkarte,
- der Branchencode als Text sowie
- der Branchenname als Text.

Um jeden Standort eindeutig identifizieren zu können, erfassen wir zusätzlich eine eindeutige Objektkennung. Bei dieser Kennung handelt es sich um ein nominales Attribut, daher erfassen wir sie als Datentyp „Text".

Kartierschema und Erfassungsbogen

Ein Kartierschema ist eine Zusammenstellung aller Angaben, die Sie für die Datenerfassung benötigen. Je nach Aufgabenstellung und Vorgaben kann es die zu verwendenden Klassifikationen, Anweisungen zur Verwendung von Signaturen, die Aufteilung des Untersuchungsgebietes auf verschiedene Bearbeiter, etc. beinhalten. Sie sollten vor jeder eigenen Kartierung ein Kartierschema erstellen und darin alle für die Durchführung der Kartierung relevanten Vorgaben und Überlegungen sammeln.

Ein wesentlicher Teil des Kartierschemas ist der Erfassungsbogen. Dieser ist, ähnlich wie ein Fragebogen, ein Formular, das für jedes kartierte Objekt mit den Daten des Objekts ausgefüllt wird. Natürlich könnten Sie Ihre Daten direkt in die Kartengrundlage eintragen, dort ist der Platz jedoch begrenzt und ein Irrtum schwer zu korrigieren. Tragen Sie stattdessen die Kennung lagerichtig in die Grundkarte und gleichzeitig auf dem entsprechenden Erfassungsbogen ein, damit können Sie später eine Zuordnung herstellen.

Enthält der Erfassungsbogen Attribute, die wir nicht aus der Anschauung erfassen können, z. B. Mitarbeiterzahl, Umsatz, etc., müssen diese natürlich im Interview mit einem Vertreter des Unternehmens erfasst werden. Ein solcher Erfassungsbogen könnte wie folgt aussehen (siehe Abb. 7-4).

Neben dem Erfassungsbogen sollte das Kartierschema auch Angaben dazu enthalten, wie mit Diskrepanzen zwischen Grundkarte und realer Situation umzugehen ist: Grundkarten sind i. d. R. nicht auf dem aktuellen Stand und vielfach treffen Sie bei der Kartierung neu angelegte oder veränderte Gebäude, Straßen oder andere Elemente an. Je nach Aufgabenstel-

**Erfassungsbogen zur Kartierung "Universitätsumfeld"**

Datum: ....................................

Erfasser: .................................

**1. Angaben zum Objekt**

1.1 laufende Nummer (auch in Grundkarte eintragen!): ...........

1.2 Straße: .......................................

1.3 Hausnummer: .............................

1.4 Stockwerk: .................................

**2. Befragung des Unternehmens**

2.1 Name des Unternehmens: ................................................

2.2 Branchencode lt. Liste: ....................................................

2.3 Gründungsjahr: ................................................................

2.4 Jahr der Eröffnung des aktuellen Standortes: ..................

2.5 Anzahl weiterer Standorte: ...............................................

2.6 Anzahl Mitarbeiter am Standort: ........................................

2.7 Anzahl Mitarbeiter gesamt: ..............................................

2.8 Gewerbefläche am Standort im m²: .................................

2.9 Monatsmiete in Euro/m²: ..................................................

2.10 geschätzter Umsatzanteil studentischer Kunden in %: ..........................

2.11 durchschnittlicher Umsatz pro Kundenbesuch in Euro: ..........................

Abbildung 7-4: Erfassungsbogen zur Kartierung

lung müssen Sie diese nachtragen, auch hierzu sollte das Kartierschema eindeutige Richtlinien enthalten. Da wir im Beispiel die Unternehmen punktuell erfassen, ist ein Nachtragen von Veränderungen in der Bausubstanz nicht notwendig.

In unserem Beispiel besteht das Kartierschema aus dem Auszug aus der NACE-1.1-Klassifikation sowie einem tabellarischen Erfassungsbogen mit Feldern für die eindeutige Objektkennung (ID) und dem NACE-Branchencode.

Durchführung der Datenerfassung

Sofern Sie keine zeitliche Vorgabe haben, wählen Sie für die Kartierung einen Tag mit schönem Wetter, das ist der Motivation und dem Zustand Ihrer Unterlagen zuträglich. Verwenden Sie für die Kartierung dennoch nicht Ihr einziges Exemplar der Grundkarte, sondern eine Kopie. So können

Sie nachträglich Korrekturen einarbeiten oder eine Reinzeichnung der Karte anfertigen.

Verwenden Sie eine feste Schreibunterlage (Klemmbrett) und für Einträge auf der Grundkarte einen dünnen roten oder grünen Stift, schwarz ist vor allem auf Fotokopien schlecht lesbar.

Falls Sie die Kartierung unterbrechen, tragen Sie in die Grundkarte deutlich ein, wo Sie aufgehört haben. Bei größeren Untersuchungsgebieten sollten Sie das Gebiet von vornherein in Planquadrate, Straßenabschnitte oder andere Einheiten aufteilen und diese sukzessive abarbeiten.

Bei der Kartierung von Gebäuden oder Unternehmen beachten Sie nicht nur Schaufenster, sondern vor allem die Türschilder. Insbesondere Arztpraxen, Anwaltskanzleien und andere Dienstleistungsunternehmen befinden sich oftmals nicht im Erdgeschoss und sind nicht anhand der Fassade erkennbar.

Bei der Kartierung von Gebäuden oder Unternehmen erfassen Sie erst eine Straßenseite, dann die andere. Dadurch müssen Sie die Straße zweimal ablaufen, aber das Risiko, Objekte zu übersehen, ist geringer, als wenn Sie oft die Straßenseite wechseln.

Falls während der Kartierung Unklarheiten auftreten (z. B. bei der Branchenzuordnung), versuchen Sie diese vor Ort zu klären, ggf. durch Nachfragen in dem betreffenden Unternehmen. Sollten Sie einen Fall nicht vor Ort klären können, notieren Sie im Erfassungsbogen, um welches Objekt es sich handelt und welche Unklarheit aufgetreten ist.

Nacharbeiten

Nach der Kartierung sind einige Nacharbeiten notwendig: Prüfen Sie, ob die Grundkarte mit Ihren Eintragungen gut lesbar ist. Insbesondere wenn die Grundkarte nass geworden ist, Ihre Schrift nicht gut lesbar ist oder Korrekturen die Grundkarte unübersichtlich machen, ist es sinnvoll, die Eintragungen sauber in eine weitere Grundkarte zu übertragen.

Klären Sie möglichst zeitnah nach der Kartierung die aufgetretenen Unklarheiten, z. B. hinsichtlich Klassenzuordnungen. Unter Umständen müssen Sie anschließend das Untersuchungsgebiet nochmals aufsuchen und einzelne Objekte nachkartieren.

Weitere Folgearbeiten bestehen ggf. in der Übertragung der Daten in ein digitales Format, der Datenauswertung und der Aufbereitung zu einer präsentationsfähigen kartographischen Abbildung. Diese Arbeiten gehören jedoch nicht mehr zur Datenerfassung, wir werden zu einem späteren Zeitpunkt darauf zurückkommen.

Aufgabe

Unter www.hennermann.net finden Sie Übungsaufgaben zu diesem Kapitel, deren Bearbeitung wir empfehlen.

# 8 Speichern von Geodaten

Datenbanken und Geodatenbanken

Haben wir Information nach einem logischen Geodatenmodell erfasst und wollen wir sie weiterverarbeiten, müssen wir die Daten speichern. Heute ist es üblich, große Datenmengen in digitalen Datenbanken zu speichern[4]. Dabei besteht eine Datenbank zum einen aus den Daten selbst und zum anderen aus Mechanismen (Software) zum Strukturieren, Einfügen, Löschen und Verändern der Daten.

> Eine Datenbank besteht aus strukturierten Daten und Mechanismen zur Verarbeitung dieser Daten.
>
> Eine Geodatenbank ist eine Datenbank, die auf das Speichern und Verarbeiten von Geodaten, also raumbezogenen Daten, spezialisiert ist.

Geodatenbanken speichern Lage und Form von Objekten als graphische Elemente (Punkt, Linie, Polygon), diese Angaben bezeichnen wir als Raumattribute. Darüber hinaus können weitere Informationen zu den Objekten erfasst sein, z. B. Ortsnamen, Flächennutzungsarten, Flurstücksnummern, etc. Diese Informationen bezeichnen wir als Sachattribute.

> Eine Geodatenbank beinhaltet zu jedem erfassten Objekt Raumattribute sowie optional Sachattribute.

Beispiele für Geodatenbanken sind das bereits vorgestellte digitale Landschaftsmodell DLM der deutschen Landesvermessungsämter und der CLC-Datensatz aus dem CORINE-Projekt der Europäischen Umweltagentur.

## 8.1 ArcCatalog: Geodatenbanken in ArcGIS

Erste Schritte

Das Programmpaket ArcGIS beinhaltet u. a. das Programm ArcCatalog, dieses dient zum Verwalten von Geodaten. Starten Sie ArcCatalog. Die ArcCatalog-Oberfläche ähnelt dem Windows-Explorer[5]. Im linken Bereich sehen Sie einen Verzeichnisbaum mit Datenquellen, im rechten deren jeweilige Inhalte.

4 Obwohl wir mit dem Begriff Datenbank heute i.d.R. digitale Datensammlungen verbinden, muss eine Datenbank nicht unbedingt digital gespeichert sein. Der Begriff bezeichnet lediglich die Kombination aus strukturierten Sammlungen von Daten und Mechanismen zu deren Verarbeitung.

5 Auch den Windows-Explorer können wir als Programm zur Verwaltung einer Datenbank (der Festplatten-Inhalte) auffassen.

Als Standard-Datenquellen werden die lokalen Laufwerke ihres Computers aufgeführt. Sie können auch Daten verwenden, die auf anderen Medien liegen, z. B. auf Netzlaufwerken, auf Datenbankservern, auf Internet-Servern oder einfach nur in einem bestimmten Verzeichnis. In diesen Fällen müssen Sie eine Verbindung zur Datenquelle herstellen: Wählen Sie in ArcCatalog **File > Connect Folder** und navigieren Sie im folgenden Fenster zu Ihrem **Kartographie-**Verzeichnis (z. B. auf Laufwerk **M:**). Bestätigen Sie mit **OK.** Sie haben nun in ArcCatalog direkten Zugriff auf dieses Verzeichnis. Wollen Sie eine Verbindung wieder trennen, markieren Sie die Verbindung und wählen Sie „File > Disconnect Folder".

Navigieren Sie im ArcCatalog-Baum zu den Übungsdaten, darin zum Verzeichnis **Kap_08** und dann zur Datenbank **Beispiel_GDB_1.** In ArcGIS wird eine Datenbank, welche Geodaten beinhaltet, als *Geodatabase* bezeichnet und mit einem Zylindersymbol dargestellt. Sie können eine Datenbank wie ein Verzeichnis öffnen, dann sehen Sie in der rechten Fensterhälfte, welche Tabellen in dieser Datenbank vorhanden sind. Eine Geodatabase enthält i. d. R. mehrere Tabellen, die Tabellen wiederum enthalten die gespeicherten Daten.

Auch die Beispiel-Datenbank enthält mehrere Elemente, und zwar eine *Feature Class* sowie zwei Tabellen. Wählen Sie links in der Baumstruktur die Tabelle **Kreise_Attribute** aus und in der rechten Fensterhälfte die Karte **Preview** (Abb. 8-1).

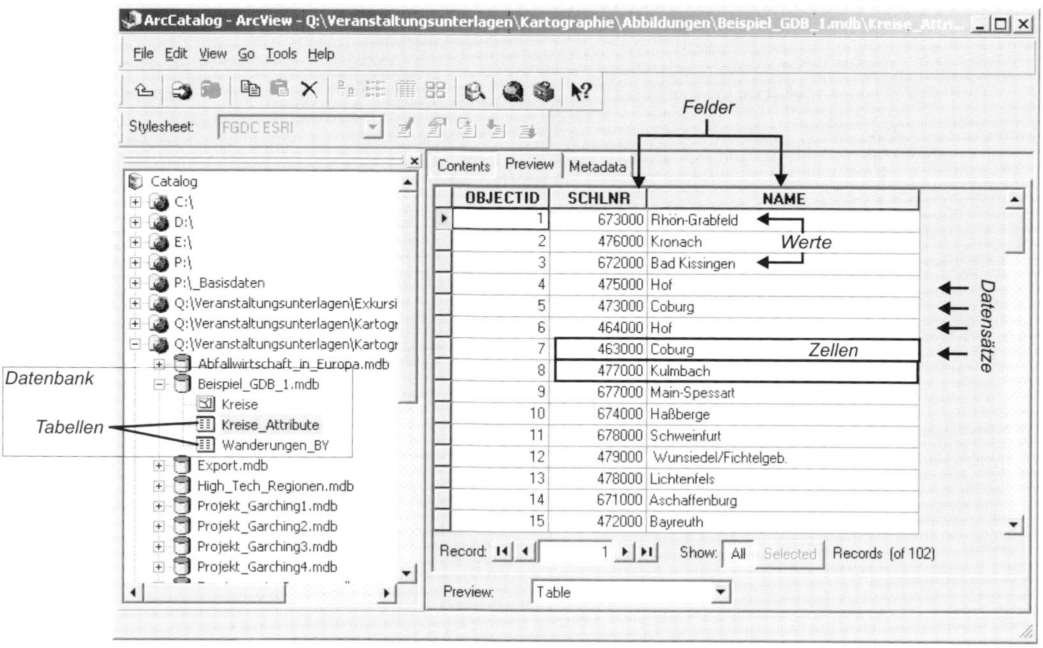


Abbildung 8-1: Elemente einer Datenbank

Zur Erläuterung:

Jedes gespeicherte Objekt wird durch einen Eintrag in einer Tabelle repräsentiert, einen so genanten Datensatz *(Record).* Dieser wird als eine

Zeile der entsprechenden Tabelle angezeigt. Die Eigenschaften des Objekts sind in Feldern *(Fields)* organisiert. Diese werden als Spalten angezeigt. In der Tabellenmatrix ist für jede Objekt-Eigenschaft-Kombination ein Wert gespeichert. Jede Tabelle enthält ein spezielles Feld **OBJECTID,** mit dem die Objekte fortlaufend nummeriert werden. Dies ist aus datenbanktechnischen Gründen notwendig. Die Datenbank wird auf einem Datenträger (Festplatte, etc.) als Datei gespeichert, ArcGIS-Datenbanken tragen i. d. R. die Endung **mdb**.[6]

Markieren Sie die Tabelle **Kreise.** Hierbei handelt es sich um eine so genannte *Feature Class.* Dies ist eine Tabelle, welche in einem speziellen Feld **(Shape)** die Lage und Form von Geoobjekten speichert. Die Inhalte dieses Feldes sind in der Tabellenansicht nicht sichtbar, hier sehen Sie nur den Hinweis *Polygon.* Sie können die Inhalte von **Shape** jedoch anzeigen, indem Sie im unteren Fensterbereich zu **Preview > Geography** wechseln. Mit **Preview > Table** kommen Sie wieder zur tabellarischen Ansicht zurück.

Eine Datenbank kann nur mit zur Datenbankstruktur passender Software erstellt und bearbeitet werden, z. B. mit ArcGIS, ArcCatalog, MS Access, etc. Softwareprodukte zum Erstellen und Bearbeiten von Datenbanken heißen DBMS (Datenbank-Managementsystem).

Das DBMS ArcCatalog stellt eine Reihe von Funktionen für die Verwaltung von Geodatenbanken zur Verfügung. Klicken Sie mit der rechten Maustaste auf die Datenbank **Beispiel_GDB_1.** Ein Kontextmenü öffnet sich, in diesem können Sie

- die Datenbank kopieren, löschen und umbenennen,
- in der Datenbank eine neue Tabelle oder Feature Class anlegen **(New …),**
- die Eigenschaften einer Datenbank aufrufen **(Properties).**

Auch für einzelne Tabellen gibt es Verwaltungsfunktionen, die Sie mit einem entsprechenden Kontextmenü aufrufen können:

- Tabellen kopieren, löschen und umbenennen
- Eine Kopie der Daten exportieren **(Export …)**
- Externe Daten an die Tabelle anfügen **(Load)**
- Die Eigenschaften einer Tabelle aufrufen **(Properties)**

Bei Feature-Class-Tabellen stehen in der **Geography**-Preview zusätzlich die folgenden Funktionen zur Verfügung (über die Buttons):

- Hinein- und herauszoomen **(Zoom In** bzw. **Zoom Out)**
- Ausschnitt verschieben **(Pan)**
- Gesamtes Gebiet anzeigen **(Full Extent)**
- Information zu einem Objekt aufrufen **(Identify)**

Weitere Funktionen beziehen sich auf Sachdaten, diese sind nur im **Table**-Preview verfügbar. Klicken Sie mit der rechte Maustaste auf einen Feldnamen, es öffnet sich ein Kontextmenü:

---

6 Die Dateiendung **mdb** wird auch von der Datenbanksoftware Microsoft Access verwendet, und eine ArcGIS-Personal-Geodatabase ist nichts anderes als eine Access-Datenbank mit einer spezifischen Struktur. Daher kann eine Personal Geodatabase zwar prinzipiell auch mit Access bearbeitet werden, was aber nicht empfohlen wird, da ArcGIS spezifische Systemtabellen in der Datenbank erfordert.

- Tabellen nach einem Feld Sortieren **(Sort...)**
- Bei Zahlenfeldern statistische Auswertungen **(Statistics...)**
- Löschen von Feldern **(Delete Field)**
- Fixieren der Anzeige **(Freeze/Unfreeze Column)**
- Durchsuchen der Tabelle (am unteren Rand **Options > Find**)
- Hinzufügen von Feldern (am unteren Rand **Options > Add Field**)

Darüber hinaus gibt es zur Datenbank sowie zu jeder Tabelle die Möglichkeit, Beschreibungen zu speichern und aufzurufen, so genannte Metadaten (Karteikarte **Metadata**).

## 8.2 Datenbankmodelle für Geodaten

Definieren einer Datenbank

Eine Datenbank mit mehreren Tabellen, die durch bestimmte Regeln verbunden sind, bezeichnen wir als relationale Datenbank. Diese relationale Struktur ist heute bei Datenbanken das mit Abstand am weitesten verbreitete Ordnungsprinzip, andere Prinzipien (hierarchische Datenbanken, Objektdatenbanken, etc.) spielen nur eine untergeordnete Rolle.

Beim Erstellen einer relationalen Datenbank ist zu definieren,

- welche Tabellen die Datenbank enthält,
- welche Tabelle welche Felder enthält,
- welche Datentypen (Zahl, Text, etc.) in welche Felder eingegeben werden können,
- welche Felder logisch miteinander verbunden sind und
- welche Mechanismen zur Verfügung stehen, um Daten am Bildschirm anzuzeigen und zu bearbeiten (graphische Benutzeroberfläche, Textbefehle, etc.).
- Bei Geodatenbanken muss zusätzlich definiert werden, mit welchen Mechanismen die Lage und die Form der Geoobjekte gespeichert werden.

Diese Festlegungen bezeichnet man als Datenbankmodell. Es stellt die technische Umsetzung des logischen Datenmodells dar.

> Das Datenbankmodell legt die Struktur der Datenbank und die Mechanismen zu deren Bearbeitung fest. Ein Geo-Datenbankmodell definiert zusätzlich, wie der Raumbezug von Objekten (Lage und Form) digital gespeichert wird

ArcGIS Feature Class

Mit der ArcGIS Feature Class haben wir ein Datenbankmodell bereits kurz angesprochen. Die *Feature Class* ist ein Vektormodell, d. h. jedes Objekt wird als Reihe von Punkten gespeichert.

Tabelle 8-1 enthält Geodaten von Landkreisen. Jeder Datensatz in der Tabelle besitzt Raumattribute (Lage/Form, Fläche), daher bezeichnen wir das Objekt in ArcGIS als *Feature,* eine aus Features bestehende Tabelle heißt

| Lage/Form | Gebiets-schlüssel | Kreisname | Fläche (km$^2$) am 1.1.2003 | Bevölkerung am 31.12.2003 |
|---|---|---|---|---|
| 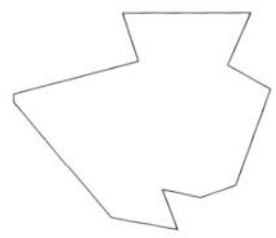 | 09187 | Rosenheim | 1 439,49 | 243 714 |
| 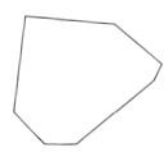 | 09171 | Altötting | 569,39 | 109 611 |
| 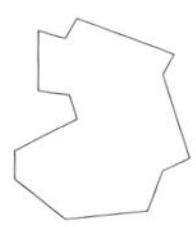 | 09173 | Bad Tölz – Wolfratshausen | 1 110,66 | 118 731 |
| 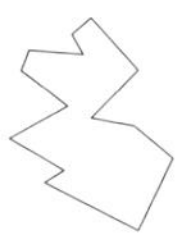 | 09172 | Berchtesgadener Land | 839,93 | 101 738 |
| | … | … | … | … |

Tabelle 8-1: Tabelle mit Geodaten

*Feature Class.* Innerhalb einer Feature Class besitzen alle Objekte die gleichen Sachattribute (Gebietsschlüssel, Name, Bevölkerung, Bevölkerungsdichte).

Das Tabellenprinzip ist offensichtlich hervorragend geeignet, Sachattribute strukturiert zu speichern. Allerdings kann Software immer nur alphanumerische Zeichenketten (und letztlich Binärwerte) speichern, wie also werden Lage und Form der Geoobjekte gespeichert? Im Feature-Class-Modell geschieht dies, indem im Feld **Shape** eine Reihe von Punktkoordinaten, die das Objekt begrenzen, abgelegt ist (Tab. 8-2).

Für punkthafte Objekte braucht dabei nur eine Koordinate gespeichert zu werden, für Linien und Polygone werden die Koordinaten derjenigen Punkte gespeichert, an denen der Linienzug beginnt, die Richtung ändert und endet[7].

Man beachte, dass mit diesem Verfahren anhand des Feldes „Shape" weitere Information abgeleitet werden kann, z. B. der geometrische Mittelpunkt des Objekts oder die Fläche, daher ist es nicht nötig, diese Informationen explizit zu speichern, sie können bei Bedarf von der Software errechnet

7 ArcGIS komprimiert diese Koordinatenreihen und speichert sie als ein so genanntes binäres Objekt, daher werden uns unter **Shape** nicht die Koordinaten, sondern nur ein Schlüsselwort für den geometrischen Typ (*Point, Polygon*, etc.) angezeigt.

| Lage/Form („Shape“) | Gebiets-schlüssel | Name | Fläche (km$^2$) am 1.1.2003 | Bevölkerung am 31.12.2003 |
|---|---|---|---|---|
| (505023; 5275120)<br>(499780; 5289643)<br>(493681;5296697)<br>(...)<br>(512907;5283972)<br>(546641;5273736) | 09187 | Rosenheim | 1 439,49 | 243 714 |
| (546518; 5322562)<br>(540847; 5333489)<br>(543336; 5356035)<br>(...)<br>(552327; 5329340)<br>(553295; 5326158) | 09171 | Altötting | 569,39 | 109 611 |
| ... | ... | ... | ... | ... |

Tabelle 8-2: Geodatentabelle mit Koordinaten

werden. Dies trifft auch auf die Sachattribute zu: Das Feld „Bevölkerungsdichte“ ist ohne weiteres aus „Fläche“ und „Bevölkerung“ abzuleiten und daher nicht notwendig. Man spricht bei solchen mehrfach vorgehaltenen Informationen von „Redundanzen“. Diese führen oft zu Fehlern, da z.B. bei einer Aktualisierung der Bevölkerungszahl auch die Bevölkerungsdichte aktualisiert werden muss. Daher sollten bei der Erstellung der Datenbank Redundanzen vermieden werden.

Die in Feature Classes am häufigsten verwendeten geometrischen Typen sind *Point, Line* und *Polygon* (vgl. Abb. 8-2), in ArcGIS und in anderer Software sind auch weitere Typen möglich, z.B. „Bogen“, „3D-Form“, „Beschriftung“, etc.

Die Feature Class bildet Geoobjekte *(Features)* durch einen oder mehrere Koordinatenpunkte nach. Da jeder Punkt geometrisch auch als Vektor aufgefasst werden kann, bezeichnet man dieses Prinzip als Vektormodell.

Shapefile-Modell

Vor der Entwicklung der Geodatabase war das Shapefile-Modell weit verbreitet (und ist es noch heute). Ein Shapefile ist mit einer Feature Class vergleichbar, allerdings wird das Shapefile nicht in einer Geodatenbank gespeichert, sondern als Satz von mehreren Dateien direkt auf dem Datenträger (Dateiendung **shp**, **dbf** und **shx**). Auch ArcGIS kann mit Shapefiles arbeiten, und viele Daten liegen noch als Shapefile vor. Das Shapefile-Modell ist jedoch wenig flexibel, neue Daten sollten als Feature Class angelegt werden. Auch die Umwandlung eines Shapefile in eine Feature Class ist möglich.

Topologische Vektormodelle

In den vorgestellten Vektormodellen (Feature Class und Shapefile) wird jedes Objekt individuell gespeichert, die Objekte liegen „nebeneinander“. Dies hat einige gravierende Nachteile: Grenzveränderungen müssen bei allen betroffenen Objekten nachgeführt werden, Fragen wie: „Welche Landkreise grenzen an den Landkreis Rosenheim?“ können anhand der Datenta-

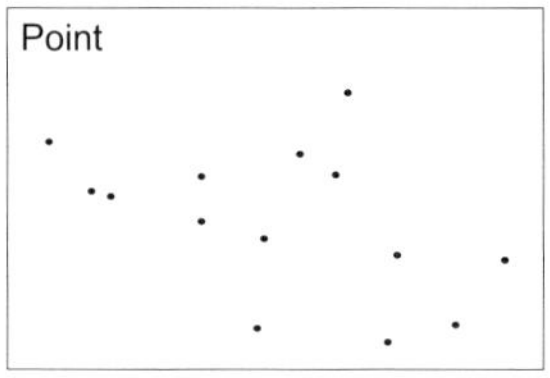


| OBJECTID* | Shape* | Ortsname | Or |
|---|---|---|---|
| 1 | Point | Hansestadt Bremen | 40 |
| 2 | Point | Jemgum | 31 |
| 3 | Point | Leer | 33 |
| 4 | Point | Terborg | 33 |
| 5 | Point | Ditzum | 31 |
| 6 | Point | Pogum | 31 |

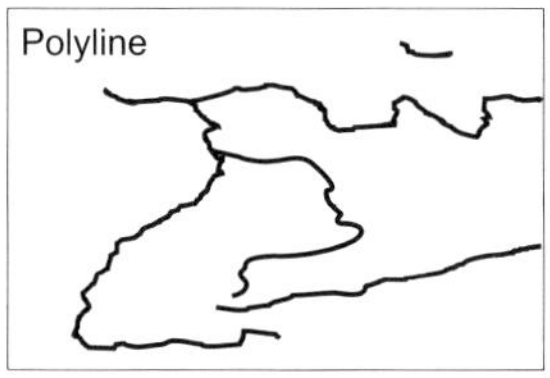


| OBJECTID* | Shape* | NAME | Sh |
|---|---|---|---|
| 38 | Polyline | Elbe | |
| 32 | Polyline | Fulda | |
| 65 | Polyline | Inn | |
| 28 | Polyline | Leine | |
| 55 | Polyline | Main | |

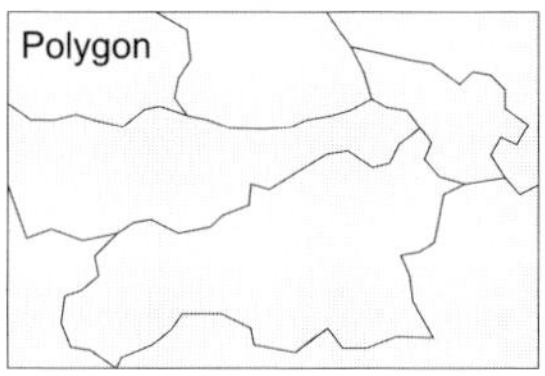


| OBJECTID | Shape | NUTS3_Code | Name |
|---|---|---|---|
| 278 | Polygon | DEA29 | HEINSBERG |
| 279 | Polygon | DEA2A | OBERBERGISCHER KR |
| 280 | Polygon | DEA2B | RHEINISCH-BERGISCH |
| 281 | Polygon | DEA2C | RHEIN-SIEG-KREIS |
| 282 | Polygon | DEA31 | BOTTROP |
| 283 | Polygon | DEA32 | GELSENKIRCHEN |

Abbildung 8-2: Feature Types in ArcGIS

bellen nur mit erheblichem Rechenaufwand beantwortet werden. In den bislang vorgestellten Vektormodellen ist es schwierig, die räumlichen Beziehungen zwischen Objekten, die so genannte Topologie, nachzubilden. Diese Probleme stellen sich in den so genannten topologischen Vektormodellen nicht.

> Topologie beschreibt die räumlichen Beziehungen zwischen Geoobjekten.

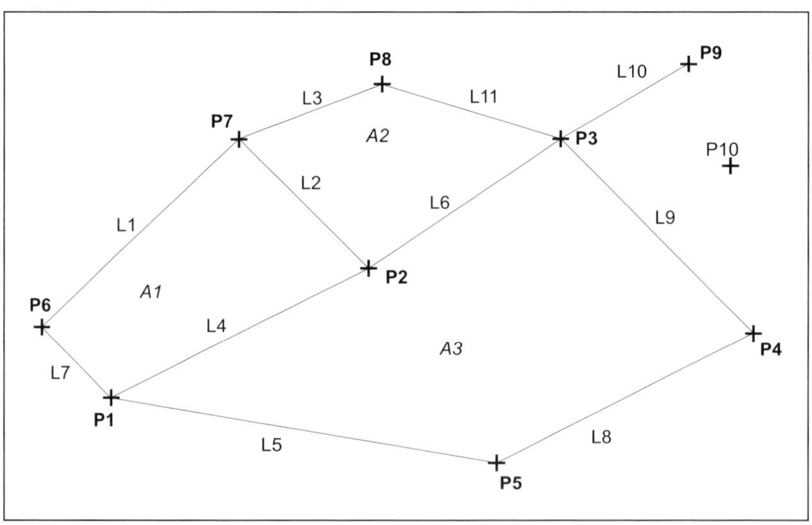


Abbildung 8-3: Toplogisches Vektormodell

Abbildung 8-3 zeigt einen Raumausschnitt. Ein topologisches Modell speichert die Koordinaten aller in diesem Ausschnitt vorkommenden Punkte in einer Tabelle (Tab. 8-3).

| Punkt_ID | Koordinate |
|---|---|
| 3 | 546518; 5322562 |
| 1 | 499780; 5289643 |
| 7 | 505023; 5275120 |
| 10 | 552327; 5329340 |
| 4 | 553295; 5326158 |
| 8 | 540847; 5333489 |
| 9 | 546641; 5273736 |
| 2 | 512907; 5283972 |
| 5 | 543336; 5356035 |
| 6 | 493681; 5296697 |
| ... | ... |

Tabelle 8-3: Punkttabelle im topologischen Modell

Jedes linienförmige Objekt wird durch Verweise auf die Punkte abgebildet, an denen die Linie beginnt und endet (Tab. 8-4).

| Linie_ID | Definitionspunkte |
|---|---|
| 1 | 6;7 |
| 7 | 6;1 |
| 4 | 1;2 |
| 5 | 1;5 |
| 10 | 3;9 |
| 2 | 7;2 |
| 3 | 7;8 |
| 11 | 3;8 |
| ... | ... |

Tabelle 8-4: Linientabelle im topologischen Modell

Ein flächenförmiges Objekt wird wiederum durch Verweise auf die Linien abgebildet, welche die Fläche begrenzen (Tab. 8-5).

| Flaeche_ID | Definitionslinien |
|---|---|
| 1 | 7;1;2;4 |
| 2 | 3;11;2;6 |
| 3 | 4;6;9;8;5 |

Tabelle 8-5: Flächentabelle im topologischen Modell

Das topologische System bietet gegenüber dem nicht-topologischen zwei wesentliche Vorteile:

- Aneinander grenzende Objekte sind leicht zu identifizieren: Wollen wir wissen, welche Flächen an A angrenzen, müssen wir die Definitionslinien von A ($L_a$) heranziehen. Nun können wir die Flächentabelle daraufhin durchsuchen, welche anderen Flächen ebenfalls mindestens eine Linie von $L_a$ verwenden. Als Ergebnis erhalten wir alle Nachbarflächen von A.
- Änderungen an einem Objekt werden unmittelbar auf andere betroffene Objekte umgesetzt. Wird z. B. ein Grenzpunkt P verschoben, so ändern sich die an P anliegenden Grenzlinien automatisch und damit wiederum die Formen der benachbarten Flächen von P.

Topologische Daten können mit ArcView nicht bearbeitet werden, für viele Anwendungen ist jedoch das nicht-topologische Modell völlig ausreichend.

Rastermodelle

Rastermodelle sind völlig anders aufgebaut als Vektormodelle: Im Rasterprinzip wird ein gleichmäßiges Gitter über den abzubildenden Raum gelegt (Abb. 8-4), und für jede Gitterzelle wird der zu kartierende Sachverhalt (z. B. Landnutzungsklasse) erfasst. Wird außerdem jede Klasse mit einem bestimmten Wert codiert, so erhält man eine Wertematrix. Diese kann problemlos datentechnisch verarbeitet werden.

Das Vektormodell kennt als graphische Grundelemente (graphische Primitive) Punkte, Linien und Flächen, im Rastermodell hingegen ist das graphische Grundelement immer ein so genanntes Pixel *(Picture Element)*. Ein Pixel ist immer die graphische Darstellung genau einer Rasterzelle.

Die *CORINE-Land-Cover*-Daten werden im Rasterformat gespeichert. Auch die Landesvermessungsämter verwenden das Rasterformat, z. B. zum Speichern digitaler Höhenmodelle.

Ein Rasterdatensatz besteht aus folgenden Elementen:

- Den Datenreihen selbst, wobei für jedes Pixel ein Zahlenwert gespeichert wird. Der Zahlenwert kann den Sachverhalt am geometrischen Mittelpunkt des Pixels wiedergeben (häufig bei Höhenmodellen), den Wert mit dem größten Flächenanteil (häufig bei Landnutzung, entspricht mathematisch dem Modalwert), oder einen anderen mathematisch bestimmten Wert aus allen in der Pixelfläche vorkommenden Werten (Mittelwert, Maximum, Median, etc.).
- Einer Angabe zur räumlichen Lage und Ausdehnung des Datensatzes. Dabei werden entweder die Mittelpunkts- oder Eckkoordinaten des ersten Pixels angegeben. Zusätzlich ist die Anzahl der Pixel in X- und Y-Richtung sowie die Maschenweite notwendig, um die räumliche Ausdehnung zu definieren. Diese Angaben werden häufig als sog. Header in der Datendatei gespeichert.
- Einer Angabe, welcher Pixelwert welchen Sachverhalt darstellt (Klassifikationsschema bei klassifizierten Daten; bei absoluten Werten, z. B. Höhen, muss die Einheit angegeben sein).
- Evtl. einem Farbschema. Dieses definiert, welche Pixelwerte mit welchen Farben am Bildschirm angezeigt werden.

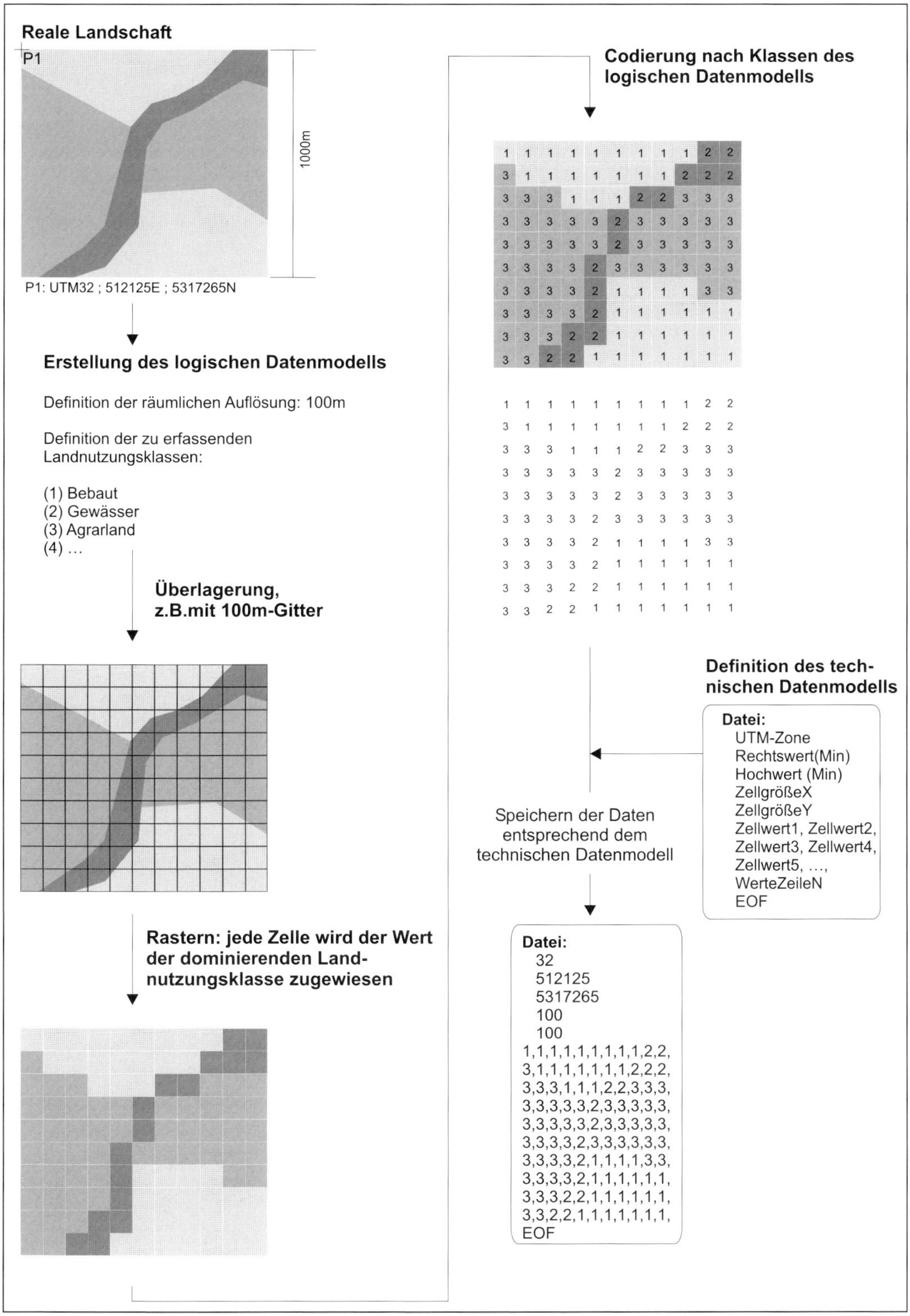


Abbildung 8-4: Rastermodell

Aus datentechnischer Sicht stellen Rasterdaten eine zweidimensionale Wertematrix dar. Eine explizite Speicherung der Koordinaten jedes Pixels ist nicht notwendig, da sich diese aus der Anzahl der Messpunkte in X- und Y-Richtung sowie der Maschenweite ergibt. Die Bestimmung von Nachbarschaftsbeziehungen ist einfach, da einem Punkt P alle Punkte benachbart sind, deren Position in der Matrix in X- und Y-Richtung um den Wert 1 von der Position des Punktes P abweicht. Auch die Verrechnung sich räumlich überlagernder Rasterdatensätze ist technisch sehr einfach, indem jedes Pixel eines Datensatzes mit dem lagegleichen Pixel des anderen Datensatzes kombiniert wird.

Diese einfache Datenstruktur wird jedoch mit hohem Speicherbedarf erkauft, da das Raster über die gesamte rechteckige Ausdehnung des Untersuchungsraumes gelegt werden muss, auch über Flächen, an denen kein relevanter Sachverhalt vorliegt. Weitere Probleme ergeben sich beim Umrechnen der Daten in eine andere Maschenweite.

Auch Fernerkundungssatelliten, Digitalkameras und Scanner arbeiten nach dem Rasterprinzip. Bei starker Vergrößerung eines Bildes erkennen Sie die Pixel, in der Datei selbst sind hingegen nur die Nummernfolgen gespeichert. Anhand dieser Daten kann einschlägige Software ein Bild auf-

| | Vektor | Raster |
|---|---|---|
| Darstellung von Objekten als | Punkte, Linien, Flächen | Rasterzellen (Pixel) |
| Herkunft der Daten | Digitalisieren, Vermessungsamt | Scannen, Luftbilder, Satellitenbilder |
| Rauminformation | nicht flächendeckend; mehrere Informationsebenen pro Datensatz | flächendeckend; i. d. R. nur eine Informationsebene pro Bild |
| Anbindung von Sachdaten in GIS | über Objektkennungen möglich, z. B. Flächen-ID, Gemeindeschlüssel o. ä. | i. d. R. nicht möglich |
| Umwandlung | Rastern möglich, Informationsverlust | Vektorisierung möglich, sehr hoher Nachbearbeitungsbedarf |
| GIS-Software | ArcGIS, MapInfo | ArcGIS Spatial Analyst, ERDAS, GRASS |
| GIS-Speicherformate | Geodatabase Feature Class, Shapefile (SHP) | Geodatabase Raster Dataset, GRID |
| Graphik-Software | ArcGIS, CorelDraw | Corel PhotoPaint; Adobe Photoshop, Microsoft Photo Editor |
| Graphik-Speicherformate | EMF, CDR, CGM, EPS, WMF | PNG, TIFF, JPEG, BMP, GIF |

Tabelle 8-6: Vektor- und Rastermodell

bauen, hierfür geeignete Produkte sind Corel PhotoPaint, Adobe Photoshop, etc. Für die Struktur des Datensatzes haben sich verschiedene Standards etabliert, z. B. TIFF, JPEG, BMP und GIF.

Die Speicherung von Rasterdaten in Softwaresystemen geschieht entweder als Objekt in einer Datenbank oder als Datei auf dem Datenträger, d. h. jedes Raster erscheint als eine Datei oder eine Gruppe von Dateien.

GIS-Systeme, welche sowohl Raster- wie auch Vektordaten verarbeiten können, werden als hybride GIS bezeichnet. ArcGIS kann in der Standardausführung Rasterdaten verschiedener Formate anzeigen. Zum Bearbeiten von Rasterdaten in ArcGIS ist das Zusatzmodul *Spatial Analyst* notwendig, dieses speichert die Rasterdaten im sog. GRID-Format.

Zusammenfassung

Vektor- und Rasterdaten sind zwei verschiedene Datentypen (Tab. 8-6). Vektordaten werden i. d. R. in relationalen Datenbanken gespeichert, Rasterdaten in dateibasierten Datenbanken. In ArcGIS dient das Programm ArcCatalog zum Verwalten von Geodaten.

Das Datenbankmodell ist zu unterscheiden vom Speicherformat: ersteres definiert die technischen Inhalte der Datenbank, letzteres bestimmt, mit welcher Software auf diese Inhalte zugegriffen werden kann. Allerdings sind aus technischen Gründen viele Datenbankmodelle nur mit bestimmten Speicherformaten kombinierbar. ArcGIS verwendet als Datenbankmodell u. a. die *Personal Geodatabase,* das Speicherformat hierfür ist das Microsoft-Access-mdb-Format.

Aufgabe

Unter www.hennermann.net finden Sie Übungsaufgaben zu diesem Kapitel, deren Bearbeitung wir empfehlen.

# 9 Anlegen einer Geodatenbank mit ArcGIS

Wir wollen die selbst kartierten Daten der Universitätsumgebung mit ArcGIS weiterverarbeiten. Hierzu müssen wir

- zuerst eine passend strukturierte Geodatenbank anlegen und
- anschließend die Daten in die Datenbank eingeben.

Erstellen der Datenbank

Starten Sie ArcCatalog und stellen Sie ggf. mit **File > Connect Folder** eine Verbindung zur Datenquelle **M:\ Kartographie** her. Öffnen Sie diese Datenquelle im ArcCatalog-Baum.

Erstellen Sie mit **File > New > Personal Geodatabase** eine Datenbank, diese heißt **New Personal Geodatabase.mdb** und ist noch leer. Ändern Sie den Namen in **Projekt_Uni_Umfeld.mdb.**

Erstellen einer Feature Class (Geodatentabelle)

Öffnen Sie die Datenbank (Doppelklick) und wählen Sie **File > New > Feature Class.** In dem nun erscheinenden Fenster geben Sie der Feature Class den Namen **Standorte** und klicken **Weiter.** Im folgenden Fenster klicken Sie einfach **Weiter.**

Nun müssen Sie die Felder der Feature Class definieren. ArcCatalog legt automatisch die Felder **OBJECTID** (fortlaufende Nummer) und **SHAPE** (Geo-Eigenschaften) an. Legen Sie zusätzlich ein Feld für die Objektnummer an, indem Sie unterhalb von **SHAPE** einfach **ErfassungsID** eintragen. Als zugehörigen **Data Type** wählen Sie **Text** aus. Unten erscheinen weitere Optionen, die wir im Moment nicht benötigen. Entsprechend könnten wir Felder für weitere Daten des Unternehmens anlegen (Beschäftigtenzahl, Umsatz, etc).

Bevor wir die Feature Class abschließen, müssen wir noch die geometrischen Eigenschaften der Objekte definieren. Klicken Sie auf **SHAPE,** Sie sehen im unteren Bereich die Eigenschaften des Feldes. Hier müssen Sie zwei Angaben einstellen:

- Bei **Geometry Type** wählen Sie in diesem Fall **Point,** schließlich wollen wir die Unternehmen als Punkte erfassen.
- Bei **Spatial Reference** definieren Sie das Untersuchungsgebiet (Koordinatensystem und Ausdehnung). Verwenden Sie hierfür das Koordinatensystem, mit dem auch Ihre Grundkarte erstellt ist. Um z. B. UTM Zone 32 anzugeben, klicken Sie auf den kleinen „…"-Button und wählen **Select… > Projected Coordinate Systems > UTM > WGS 1984 > WGS 1984 UTM Zone 32N.prj > Add.** Die Ausdehnung geben Sie bei der Karte **X/Y-Do main** an. Die entsprechenden Koordinaten können Sie z.B. aus einer TK ablesen. Geben Sie ruhig ein etwas größeres Gebiet an, für die Universität München z.B. MinX = 685 000, MaxX = 695 000, MinY = 5 330 000, MaxY = 5 340 000. Schließen Sie das Fenster mit **OK.**

Mit **Fertig stellen** speichern Sie die Feature Class.

Weitere Tabellen

Neben der räumlichen Lage wollen wir zu jedem Objekt den Branchencode und den Branchennamen erfassen. Um redundante Einträge zu vermeiden, bauen wir die Datenbank wie folgt auf:

- Die bereits angelegte Feature Class **Standorte** enthält für jedes Objekt einen Datensatz und dessen **ErfassungsID.**

- Eine zweite Tabelle enthält für jedes Objekt einen Datensatz mit **ErfassungsID** und zugehörigem NACE-Branchen-Code.
- Eine dritte Tabelle enthält zu jedem NACE-Branchen-Code den entsprechenden Branchen-Namen.

Diese Tabellen können wir später so verbinden, dass jedem Objekt ein Branchencode und -name zugeordnet ist.

Erstellen einer Table (Sachdatentabelle)

Legen wir die zweite Tabelle an: Stellen Sie sicher, dass Sie sich in der Datenbank befinden und wählen Sie **File > New > Table.** Eine *Table* ist genau wie die Feature Class eine Tabelle, die Table enthält jedoch keine Geodaten, sondern nur Sachdaten. Geben Sie der Tabelle den Namen **Objektattribute** und klicken Sie **Weiter,** ebenso im Fenster **Configuration Keyword.** Die Tabelle wird erstellt und das Feld **OBJECTID** automatisch angelegt.

Legen Sie ein Feld für die Objektnummer an **(Field Name** = **ErfassungsID** und **Data Type** = **Text)** und ein Feld für den NACE-Branchen-Code **(Field Name** = **NACE_CODE** und **Data Type** = **Text).** Bei letzteren tragen Sie als **Alias** ein: **NACE-Branchen-Code.** (Da der Feldname technischen Einschränkungen unterliegt, z. B. keine Leerzeichen, wurde der Alias-Name geschaffen, er kann einen aussagekräftigen Namen enthalten.) Damit ist die Tabelle fertig.

Entsprechend legen wir die dritte Tabelle an: Stellen Sie sicher, dass Sie sich in der Datenbank befinden und wählen Sie **File > New > Table.** Geben Sie der Tabelle den Namen **Branchen** und klicken Sie **Weiter,** ebenso im folgenden Fenster. In dieser Tabelle legen Sie folgende Felder an:

**Field Name** = **NACE_CODE**, **Data Type** = **Text**, **Alias** = **NACE-Branchen-Code;**

**Field Name** = **NACE_NAME**, **Data Type** = **Text**, **Alias** = **NACE-Branchen-Name**, **Length** = **250**.

Der Wert bei **Length** gibt an, wie viele Zeichen in dem Feld gespeichert werden können. Damit ist auch diese Tabelle fertig.

Technische Konventionen

Beim Anlegen von Datenbanken sind einige technische Grundsätze zu beachten. Andernfalls kann es bei der weiteren Verarbeitung zu massiven Problemen beim Zugriff auf die Daten kommen. Wichtig ist:

- Der Name der Datenbank darf nur aus lateinischen Buchstaben (A–Z, a–z), Ziffern (0–9) und dem Unterstrich (_) bestehen. Nicht zulässig sind also Umlaute, Leerzeichen, Bindestrich, Sonderzeichen (ß, &, %, $, +, etc.) und Satzzeichen (Komma, Punkt, etc.).
- Dies gilt auch für die Namen der Felder. Ein Feldname „BIP 2003 in US-$“ enthielte also fünf Fehler (drei Leerzeichen, Bindestrich, Sonderzeichen), geeignet wäre „BIP_2003_USD“. Der Alias-Name hingegen kann beliebige Zeichen enthalten.
- Feldnamen müssen mit einem Buchstaben beginnen, „2003_BIP“ wäre also als Feldname nicht zulässig.
- Sobald eine Tabelle definiert ist, können Sie Felder hinzufügen und löschen, die Felddefinitionen können Sie aber nicht mehr ändern. Insbesondere können Sie bei einer Feature Class den geometrischen Typ (Point, Line, Polygon) und dessen Eigenschaften nicht mehr verändern.

Dokumentieren der Datenbank

Wenn Sie zu einem späteren Zeitpunkt die Datenbank wieder verwenden wollen, wissen Sie oftmals nicht mehr, wann und wie Sie die Daten erfasst haben, wie genau die Daten sind oder wer die Urheberrechte an den Daten besitzt. Auch wenn Sie selbst erstellte Datenbanken an andere Personen weitergeben, sollten diese mit der Datenbank Informationen zu Herkunft, Qualität und Struktur der Daten erhalten. Daher sollten Sie zu Ihrer Datenbank immer erläuternde Informationen erfassen. Diese Informationen bezeichnet man als Metadaten.

> Metadaten sind Informationen über Daten. Sie dokumentieren Herkunft der Daten, Genauigkeit, Benutzungsrechte, etc.

Metadaten können sich auf die gesamte Datenbank beziehen (z. B. Informationen zu dem Projekt, in dessen Rahmen die Datenbank entstand) oder auf einzelne Tabellen (z. B. Informationen zur Herkunft der Daten in einer Tabelle).

Erstellen von Metadaten in ArcGIS

Sie können natürlich einfach ein Textdokument mit der Beschreibung der Daten erstellen. Mit ArcGIS haben Sie aber auch die Möglichkeit, Metadaten strukturiert und direkt in der Datenbank zu speichern. Hierzu gehen Sie wie folgt vor:

In ArcCatalog wählen Sie links im Verzeichnisbaum die Datenbank **Projekt_Uni_Umfeld** aus, rechts wählen Sie die Karteikarte **Metadata.** Sie sehen die Meldung *„Metadata has not been created for the selected item".*

Um Metadaten zu erzeugen, stellen Sie zuerst sicher, dass die Funktionen zum Bearbeiten von Metadaten zur Verfügung stehen **(View > Toolbars > Metadata).** Dann klicken Sie den Button **Edit Metadata,** es erscheint ein Eingabeformular für die Metadaten. Tragen Sie Informationen über die Datenbank ein, z. B. bei **Abstract:** „Datenbank für das Projekt ‚Unternehmen im Uni-Umfeld', 2005".

Sie können Metadaten nicht nur zur Datenbank, sondern auch zu einzelnen Tabellen anlegen. Selektieren Sie dazu z. B. die Tabelle **Standorte** und klicken Sie den Button **Edit Metadata.** Geben Sie für die Tabelle als Beschreibung *(Abstract)* ein: „Standorte von Einzelhandelsunternehmen, aus eigener Kartierung im Nov. 2005". Geben Sie analog für die Tabelle **Branchen** als Beschreibung *(Abstract)* ein: „Branchen lt. NACE-Klassifikation der EU".

Wie intensiv Sie Ihre Daten dokumentieren, ist Ihnen selbst überlassen. Eine ausführliche Dokumentation ist nicht zwingend notwendig, erleichtert aber Ihnen selbst und anderen die Arbeit mit den Daten. Weitere Informationen zu Datenbanktechnologien finden Sie bei O'Halloran (2001).

# 10 Bearbeiten von Datenbankinhalten mit ArcGIS

In vorausgehenden Arbeitsschritten hatten Sie Einzelhandelsstandorte kartiert und eine entsprechende Datenbankstruktur angelegt, in diesem Kapitel werden Sie Ihre erfassten Daten in die Datenbank eingeben. Falls Sie das Anlegen der Datenbank (Kap. 9) übersprungen haben, können Sie mit der Datenbank **Kapitel_10\ Projekt_Uni_Umfeld_1.mdb** aus den Übungsdaten weiterarbeiten, diese enthält bereits alle bisherigen Arbeitsschritte. Diese Datenbank bezieht sich hinsichtlich des Untersuchungsraumes auf das Umfeld der Universität München **(Standorte > Properties > Spatial Reference > X/YDomain).**

Das Eingeben der Sachdaten (NACE-Codes, etc.) in die Tabellen ist unkompliziert und vergleichbar mit der Dateneingabe in MS Access oder MS Excel. Nur die Tabelle **Standorte** ist gesondert zu behandeln, da Sie für jeden kartierten Einzelhandelsstandort nicht nur alphanumerische Daten, sondern graphische Daten (in diesem Fall einen Punkt) eintragen müssen.

ArcMap

Hierbei arbeiten wir mit dem Programm ArcMap. Dieses ist neben ArcCatalog der zweite wesentliche Bestandteil des ArcGIS-Pakets. ArcMap bietet, ähnlich wie diverse Zeichenprogramme, Funktionen zum Anzeigen und Bearbeiten von graphischen Daten.

## 10.1 Eintragen von Geodaten

Wir wollen für jeden Einzelhandelsstandort in die Tabelle **Standorte** einen Datensatz eingeben, in dessen Feld **SHAPE** das Objekt als Punkt gespeichert ist. In ArcMap sind hierfür verschiedene Verfahren verfügbar:

- Sie können eine Liste mit den Koordinaten aller Einzelhandelsstandorte verwenden und ArcMap anweisen, an jeder in der Liste aufgeführten Koordinate ein Punktobjekt zu erstellen. Die hierfür nötige Koordinatenliste haben Sie z. B. mit einem GPS-Empfänger erfasst oder manuell aus einer großmaßstäbigen Karte ausgelesen. Dieses Verfahren der automatischen Punktgenerierung anhand einer Koordinatenliste finden Sie in ArcMap unter **Tools > Add XY Data.** Diese Option besteht jedoch nur für Punktobjekte, nicht für Linien und Polygone[8].
- Sie können die Standorte digitalisieren, d. h. mit ArcMap in einer Karte die Standorte anklicken, die Software erstellt an der entsprechenden Koordinate ein Punktobjekt[9].

---

8 Sofern Sie über ArcInfo Workstation, ein leistungsstarkes Produkt der ArcGIS-Palette, verfügen, haben Sie eine vergleichbare Funktion auch für Linien- und Polygonobjekte (Stichwort Generate).

9 Der Begriff „digitalisieren" bezeichnet in der Informatik jegliche Umwandlung analoger in digitale Daten, also auch das Abtippen von Text, Scannen von Bildern, etc. Im Zusammenhang mit GIS wird „digitalisieren" nur für die Umsetzung analoger Karten in digitale Geodaten verwendet.

Prinzip des Digitalisierens

Wir beschränken uns im Folgenden auf den zweiten Fall, das Übernehmen von Koordinaten aus einer Karte. Im Prinzip passiert dabei folgendes:

1. Mit der Maus klicken Sie auf eine Stelle in der Grundkarte.
2. ArcMap berechnet, an welche Koordinate Sie geklickt haben.
3. ArcMap erzeugt ein entsprechendes Punktobjekt in der Feature Class.

Damit Sie einen Punkt auf der Karte anklicken können, müssen Sie entweder mit einem Digitalisierbrett arbeiten oder die Karte scannen.

Digitalisieren in ArcMap

Starten Sie ArcMap und laden Sie die Feature Class **Standorte.** Hierzu wählen Sie **File > Add Data,** navigieren in die Geodatenbank und wählen dort die Feature Class **Standorte** aus. Sie erscheint als Thema im ArcMap-Inhaltsverzeichnis. Im rechten Bereich *(Data Frame)* werden die Objekte der Feature Class als Karte angezeigt, da diese Feature Class noch keine Objekte enthält, sehen Sie hier noch nichts. Wenn Sie die Maus über den Data Frame bewegen, sehen Sie zumindest rechts unten die entsprechenden Koordinaten. Klicken Sie mit der rechten Maustaste auf **Standorte** und wählen Sie **Open Attribute Table.** In der (leeren) Tabelle wird Ihnen die Feature Class tabellarisch angezeigt.

Gehen Sie zu **View > Data Frame Properties > Coordinate System.** Ein Data Frame stellt eine Karte dar, besitzt also auch ein Koordinatensystem. Dieses hat nichts mit dem Koordinatensystem zu tun, das Sie für die Feature Class angegeben hatten: Das System der Feature Class legt fest, mit welchen Koordinaten die Objekte in der Datenbank gespeichert werden. Das System des Data Frames hingegen gibt an, mit welchem Koordinatensystem die Objekte gerade angezeigt werden.

Beim Erstellen der Feature Class **Standorte** hatten Sie angegeben, dass die Objekte in UTM-32-Koordinaten gespeichert werden sollen, daher hat ArcMap dieses bereits für den Data Frame voreingestellt.

Wenn Sie Karten digitalisieren, egal ob mit einem Digitalisierbrett oder mit einer gescannten Karte, müssen Sie hier immer das System der zu digitalisierenden Karte (Digitalisiervorlage) einstellen.

Digitalisieren mit einem Digitalisierbrett

Ein Digitalisierbrett ist ein Peripherie-Gerät, das mit einer Maus mit Fadenkreuz ausgestattet ist. Mit Hilfe eines elektromagnetischen Feldes bestimmt das Gerät die Position des Fadenkreuzes auf dem Brett und sendet diese Information an den Computer, wo sie z. B. von ArcGIS weiterverarbeitet werden kann (Abb. 10-1).

Fixieren Sie die Karte mit Klebeband auf dem Digitalisierbrett. Viele Digitalisierbretter besitzen einen nicht nutzbaren Randbereich von einigen Zentimetern, achten Sie darauf, dass Ihr Untersuchungsgebiet innerhalb dieses Bereichs liegt.

Natürlich weiß ArcMap nicht, welcher Raumausschnitt auf dem Brett liegt, daher müssen Sie den Koordinatenbereich der Karte angeben (das Kartenblatt registrieren). Dies geschieht, indem Sie auf dem Digitalisierbrett einige Punkte anklicken und deren Kartenkoordinaten eingeben, alle anderen angeklickten Punkte wird ArcMap hieraus berechnen. Zum Registrieren des Kartenblattes benötigen Sie auf der Karte mindestens 4 Punkte mit bekannten Koordinaten (sog. Referenzpunkte, *control points*). Beim digitalisieren amtlicher topographischer Karten können Sie diese Koordinaten aus der Karte selbst ablesen. Achten Sie darauf, dass die Referenzpunkte gleich-

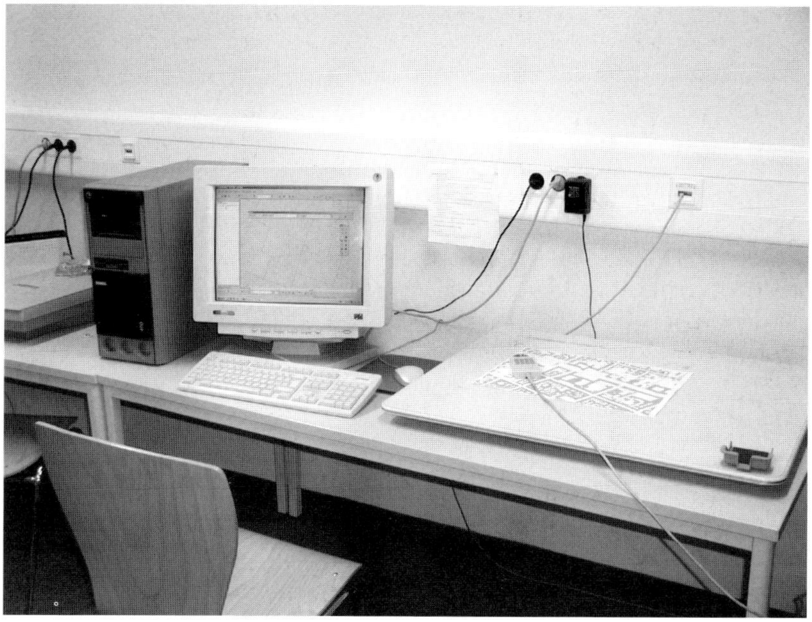

Abbildung 10-1: Digitalisier-Arbeitsplatz

mäßig über die Karte verteilt sind und markieren Sie die Punkte mit feinen Bleistiftkreuzen und laufenden Nummern.

Zum Registrieren des Kartenblattes vergewissern Sie sich, dass die Bearbeitungs-Funktionen angezeigt werden **(View > Toolbars >** Häkchen bei **Editor).** Wählen Sie **Editor > Start Editing,** damit schalten Sie die Feature Class in den Bearbeitungsmodus.

Mit **Editor > Options > Digitizer** öffnet sich das Digitizer-Fenster. Klicken Sie mit der Digitalisiermaus (i. d. R. Taste „1") auf dem Kartenblatt die Referenzpunkte an, dabei werden in die Spalten **X Digitizer** und **Y Digitizer** Werte eingetragen (Brettkoordinaten). Tragen Sie bei **X Map** bzw. **Y Map** die Ost- und Nordwerte der Referenzpunkte ein, achten Sie dabei auf die richtige Reihenfolge der Punkte. Für jeden Referenzpunkt wird ein Fehlerwert in Karteneinheiten angezeigt (z. B. Meter). Hier vergleicht ArcMap die Form, die Ihre angeklickten Punkte bilden, mit der aus den Koordinaten berechneten Form. Der RMS-Fehler *(Root Mean Square)* gibt dabei die über alle Referenzpunkte gemittelte Abweichung an. Die Fehler sollten möglichst gering sein, es gibt aber keinen verbindlichen Wert, welcher Fehler akzeptabel wäre. Mit **OK** schließen Sie das Fenster. ArcMap behält die Registrierung der Kartenvorlage, bis Sie das Programm beenden, daher ist zu Beginn jeder Digitalisier-Sitzung ein Registrieren der Karte erforderlich.

Um mit dem Digitalisieren der Einzelhandelsstandorte zu beginnen, wählen Sie in der Editor-Palette das **Sketch Tool** (Stift) aus. Nun können Sie mit der Digitalisiermaus Ihre Objekte in der Karte anklicken (i. d. R. Taste „1"), ArcGIS trägt die Objekte in die Feature Class ein. Da die Feature Class als Punkt-Klasse definiert ist, setzt ArcGIS bei jedem Klick einen Punkt, bei einer Linien- oder Polygonklasse setzen Sie mit einer Taste Stützpunkte, mit einer anderen Taste schließen Sie das Objekt ab. Die genaue Tastenbelegung entnehmen Sie den Einstellungen Ihres Digitalisierbretts. Bei einem Fehler können Sie das fehlerhafte Objekt löschen **(Edit Tool** (Spitze) **> Objekt auswählen > rechte Maustaste > Delete).** In der **Standorte-**Tabelle können Sie auch gleich die **ErfassungsID** eintragen. Um festzuhalten, welche Objekte Sie bereits erfasst haben, streichen Sie in Ihrem Kartenblatt oder in der Erfassungsliste jedes Objekt nach dem Digitalisieren aus (falls Sie nicht in die Karte zeichnen wollen, fixieren Sie Transparentfolie darüber).

Zum Zwischenspeichern wählen Sie **Editor > Save Edits,** mit **Editor > Stop Editing** beenden Sie die Bearbeitung. Weitere Informationen erhalten Sie in der ArcGIS-Hilfe im Kapitel **Editing in ArcMap > Using a Digitizer.**

Digitalisieren von einer gescannten Karte

Bevor Sie eine Karte zur Weiterverarbeitung in ArcGIS scannen, müssen Sie wissen, in welchem Koordinatensystem die Karte vorliegt. Darüber hinaus benötigen Sie die Koordinaten von mindestens zwei Punkten P1, P2, …, Pn im Kartenblatt. Markieren Sie diese Punkte in der Karte mit einem Fadenkreuz und notieren Sie die Koordinaten.

Beim Scannen wird ein Datensatz im Rasterformat erstellt. Jeder Rasterpunkt (Pixel) besitzt einen bestimmten numerischen Wert, der einer Farbe im Kartenblatt entspricht. Für großformatige Karten finden Sie Scanner bis DIN A0 in Universitätsrechenzentren, Copy Shops und bei kommerziellen Scan-Diensten. Vor allem großformatige Kartenblätter beanspruchen als Bilddatei viel Speicherplatz, was wiederum die Verarbeitung mit ArcGIS beeinträchtigt. Daher sollten Sie beim Scannen darauf achten, dass Sie eine passende Auflösung (Pixelgröße) verwenden. Für eine Darstellung am Bildschirm in Originalgröße ist i. d. R. eine Auflösung von 100 dpi *(Dots Per Inch)* ausreichend, mit höherer Auflösung steigt der Speicherbedarf etwa im Quadrat (z. B. dreifache Auflösung = neunfacher Speicherbedarf). Auch die so genannte Farbtiefe beeinflusst den Speicherbedarf, diese gibt an, wie viele Farben in dem gescannten Bild vorkommen können. Bei Scans mit 1 Bit Farbtiefe kann jedes Pixel den Wert 0 oder 1 (schwarz oder weiß) annehmen, daher muss für jedes Pixel auch nur der Wert 0 oder 1 gespeichert werden (einstellige Binärzahl). Bei der Farbtiefe 8 Bit (256 Farben) muss der Rechner für jedes Pixel eine achtstellige Binärzahl speichern, bei 16 Bit (65 000 Farben) eine 16-stellige Zahl. ArcGIS kann alle üblichen Rasterbildformate verarbeiten, insbesondere das Format PNG ist aufgrund seiner starken Datenkompression zu empfehlen.

Nachdem Sie die Karte gescannt haben, starten Sie ArcMap und laden, sofern noch nicht geschehen, mit **File > Add Data** die Feature Class **Standorte.** Stellen Sie unter **View > Data Frame Properties > Coordinate System** das System der gescannten Kare ein und laden Sie (wieder mit **File > Add Data**) die Bilddatei. Der im Data Frame angezeigte Raumausschnitt (das Untersuchungsgebiet) ist nach wie vor leer, ArcMap weiß nicht, dass die Bilddatei an diese Stelle zu platzieren ist. Dies liegt daran, dass ein gescanntes Bild keine Geo-Koordinaten besitzt, sondern nur so genannte Bildkoordinaten: Je nach Bildformat (JPEG, TIFF, etc.) erhält z. B. das linke obere Pixel die Koordinate (0;0), eine Einheit in X und Y ist jeweils ein Pixel. ArcGIS hält dies für Geo-Koordinaten und positioniert das Bild an der Geo-Koordinate (0;0). Daher müssen Sie die Bilddatei an die „richtigen" Geo-Koordinaten zuordnen, dies bezeichnet man als Georeferenzieren des Bildes.

> Als Georeferenzierung bezeichnet man die eindeutige Zuordnung eines Objekts zu einer Position auf der Erdoberfläche.

Um in ArcGIS das Bild zu georeferenzieren, müssen Sie für mindestens zwei Bildpunkte deren Geo-Koordinaten angeben, ArcMap kann dann das Bild der geographisch richtigen Position zuordnen.

Zoomen Sie auf den Raumausschnitt, an dem das Bild liegt (0;0), am schnellsten, indem Sie mit der rechten Maustaste auf den Bildnamen klicken, dann **Zoom to Layer.** An den rechts unten angezeigten Koordinaten sehen Sie, dass das Bild bei (0;0) liegt.

Blenden Sie mit **View >Toolbars > Georeferencing** die nötigen Funktionen ein und rufen Sie mit dem Button **View Link Table** die Tabelle der Kontrollpunkte auf. Diese ist noch leer.

Zoomen Sie mit der Lupe zu dem Punkt P1 in der Bilddatei. Diesem Bildpunkt wollen Sie seine richtige Geo-Koordinate zuordnen. In der Buttonleiste wählen Sie hierzu das Tool **Add Control Point** aus und klicken zuerst auf P1, dann auf die Zielkoordinate. Diese liegt jedoch so weit außerhalb des Bildes, dass Sie erst einmal auf einen beliebigen Punkt klicken, es wird ein Eintrag in der Tabelle erstellt. Dieser Eintrag dokumentiert, welche Bildkoordinate an welche Geo-Koordinate zu verschieben ist, damit das Bild räumlich richtig positioniert ist. Tragen Sie in diese Tabelle bei **X Map** und **Y Map** die richtigen Ost- und Nordwerte von P1 ein, die Lage und Größe des Bildes wird neu berechnet.

Für alle weiteren Referenzpunkte verfahren Sie ebenso, je mehr Punkte Sie verwenden, desto genauer wird die Einpassung des Bildes in das Koordinatensystem.

Diese Positionierung wird nicht im Bild selbst gespeichert, sondern in dem ArcMap-Dokument. Sie können die Parameter der Positionierung auch in eine externe Datei speichern, um die gescannte Karte und die Kontrollpunkte in anderen ArcMap-Dokumenten zu verwenden. Hierfür verwenden Sie in der *Control-Point*-Tabelle die **Save-** bzw. **Load-**Funktion.

Nun ist das Bild georeferenziert, und Sie können die kartierten Objekte eintragen. Vergewissern Sie sich, dass die Bearbeitungs-Funktionen angezeigt werden **(View > Toolbars >** Häkchen bei **Editor),** diese benötigen Sie zum Setzen der Punktobjekte (Einzelhandelsstandorte). In den Editor-Funktionen wählen Sie **Editor > Start Editing,** die Toolbar ist jetzt aktiviert. Sofern die Tabelle zu **Standorte** nicht geöffnet ist, rufen Sie diese auf (rechte Maustaste auf **Standorte > Open Attribute Table).** In der noch leeren Tabelle wird Ihnen die Feature Class tabellarisch angezeigt.

Mit dem **Sketch-Tool (Stift)** klicken Sie auf die Stelle, an der Sie einen Punkt für einen Unternehmensstandort setzen wollen. Damit tragen Sie einen Punkt in die Feature Class **Standorte** ein, ArcMap zeigt ihn in der graphischen und in der tabellarischen Ansicht an. In letzterer sehen Sie auch gleich die Attribute (**<Null>** = kein Wert vorhanden) und können diese eintragen oder ändern. Um festzuhalten, dass Sie den Punkt erfasst haben, sollten Sie den entsprechenden Eintrag in der Erfassungsliste abhaken.

Führen Sie dies fort, bis Sie alle Objekte erfasst haben, bei einem Fehlklick können Sie das fehlerhafte Objekt löschen **(Edit Tool (Spitze) > Ob-**

**jekt auswählen > rechte Maustaste > Delete).** Weitere Optionen zu den Objekten können Sie mit der rechten Maustaste aufrufen. Um Ihre Erfassung zwischendurch zu speichern, wählen Sie **Editor > Save Edits,** wenn Sie alle Punkte erfasst haben, beenden Sie die Bearbeitung der Feature Class mit **Editor > Stop Editing.**

Importieren von Geodaten

Digitale Geodaten in anderen Vektorformaten (z. B. aus der Zeichensoftware AutoCAD als DXF-Dateien) können Sie automatisiert in die Geodatenbank eintragen (importieren). Beim Importieren externer Daten zu einer Feature Class muss die Zieldatenbank bereits existieren, ggf. müssen Sie also zuerst eine Datenbank anlegen. Die entsprechenden Import/Export-Funktionen finden Sie in ArcCatalog in den Kontextmenüs von Geodatenbanken, Feature Classes und DXF-Dateien oder unter **Window > ArcToolbox > Conversion Tools.**

## 10.2 Eintragen von Sachdaten

Manuelle Eingabe

Beim Eintragen von Sachdaten in Tabellen verfahren Sie im Prinzip genauso wie bei Geodaten. Da Sie in reinen Sachdatentabellen jedoch nur alphanumerische Werte als Objekte (ohne Geometrie) eintragen müssen, wird das Vorgehen erheblich einfacher. Beginnen Sie mit der Tabelle **Objektattribute.** Die einzutragenden Inhalte **(ErfassungsID** und **NACE-CODE)** hatten Sie im Zuge der Kartierung erfasst.

Laden Sie in ArcMap mit **File > Add Data** die Tabelle **Objektattribute,** sie wird links im Inhaltsverzeichnis aufgeführt. Mit der rechten Maustaste auf den Tabellennamen erscheint ein Kontextmenü, öffnen Sie hiermit die Tabelle **(Open).**

Genau wie bei Geo-Objekten müssen Sie in den Bearbeitungs-Modus schalten, bevor Sie Daten eintragen und ändern können **(Editor > Start Editing).** In der Tabelle wird ein leerer Datensatz angelegt. Klicken Sie in eine Zelle des neuen Datensatzes und tragen Sie einen Wert ein (Sie sehen keinen Cursor, das ist etwas ungewohnt). Für das Feld **OBJECTID** wird von ArcGIS automatisch eine Datensatznummer vergeben, diese können Sie nicht ändern. Tragen Sie weitere Werte ein, bis Sie alle Daten eingegeben haben. Die Reihenfolge der Eingabe ist nicht relevant. Speichern Sie zwischendurch mit **Editor > Save Edits,** wenn Sie alle Eintragungen durchgeführt haben, beenden Sie die Bearbeitung der Tabelle mit **Editor > Stop Editing,** damit verlassen Sie den Bearbeitungsmodus.

Nun ist als letzte Tabelle die Tabelle „Branchen", welche die NACE-Codes und die zugehörigen Namen der Branchen enthalten soll, noch nicht gefüllt. Tragen Sie in diese ebenfalls die entsprechenden Daten ein.

Importieren von Sachdaten

Falls die Sachdaten bereits digital vorliegen, z. B. als Excel-Tabelle, können Sie diese auch automatisiert in die Geodatenbank eintragen (importieren). ArcGIS muss für den Import die Struktur der Ausgangsdaten lesen können, dies ist nur bei folgenden Dateiformaten der Fall:

- ESRI-Formate (Table in anderer Geodatenbank, SDE- oder INFO-Tabelle)

- dBaseIV-Format (ein älteres, aber immer noch häufig verwendetes Datenbankformat)
- OLE-DB-Daten (eigentlich kein Dateiformat, sondern ein Mechanismus, Daten anderer Programme zu nutzen)
- ASCII-Text-Datei (Endung **.txt, .asc, .csv** oder **.tab**)
- MS Excel (ab ArcView 9.2)

Liegen die Daten in einem dieser Formate vor, kann ArcGIS sie direkt lesen und verwenden, sogar ohne die Daten in die Geodatabase zu importieren. Dennoch empfiehlt sich für Projektarbeiten, alle im Projekt verwendeten Daten in eine Geodatenbank zusammenzufassen, dies erleichtert die Übersicht. Bevor Sie externe Sachdaten importieren können, muss die Zieldatenbank bereits vorhanden sein (ggf. müssen Sie also eine Datenbank anlegen), durch den Import der Daten entsteht in dieser Datenbank eine neue Table.

Liegt die Datenquelle in einem der genannten Formate vor, gehen Sie in ArcCatalog ins Kontextmenü der Geodatenbank und wählen dort **Import > Table (single)** oder im Kontextmenü der Datenquelle **Export > To Geodatabase (single).** Alternativ finden Sie die Import-/Export-Funktionen auch unter **Window > ArcToolbox > Conversion Tools.**

Um eine Datenquelle zu importieren, die nicht direkt von ArcGIS lesbar ist (z. B. eine Excel-Datei), müssen die Daten als Zwischenschritt in eines der genannten Formate konvertiert werden. Von Excel aus ist (1) das dBaseIV-Format, (2) das ASCII-Text-Format und (3) die OLE-DB-Verbindung möglich. Im Folgenden demonstrieren wir das Vorgehen anhand der Excel-Datei **Mitarbeiter.xls** aus den Übungsdaten, diese Datei enthält für einige der kartierten Standorte die ErfassungsID sowie Beschäftigtenzahlen und Sitz der Unternehmen. Diese Liste wollen Sie in die Geodatenbank importieren.

Import über dBaseIV-Format

Um die Excel-Tabelle ins Format dBaseIV und dieses wiederum nach ArcGIS zu übertragen, öffnen Sie die Datei mit MS Excel (oder Ihrer bevorzugten Tabellenkalkulation) und speichern Sie die Tabelle im Format dBaseIV (in Excel **Datei > Speichern unter** > Dateityp **DBF 4**).

Die entstehende Datei **Mitarbeiter.dbf** kann mit ArcGIS direkt gelesen und bearbeitet werden. Prüfen Sie das Ergebnis z. B. in ArcCatalog (Datei auswählen > **Preview**). Sie sehen, dass die Feldnamen abgeschnitten sind (das dBase-Format erlaubt bei Feldnamen nur zehn Zeichen). Darüber hinaus wurden Umlaute falsch konvertiert, dies ist ein Problem des Exports vom Excel- ins dBase-Format[10].

Um derartige Probleme zu umgehen, sollten Sie von vorneherein die Excel-Tabelle nach bestimmten Konventionen aufbereiten:

- Falls Sie beim Vorbereiten der Excel-Tabelle Daten entfernen, löschen Sie keine einzelnen Zellen, sondern immer die gesamte Zeile oder Spalte.
- Feldnamen dürfen aus maximal 10 Zeichen bestehen.
- Feldnamen dürfen nur aus den Zeichen A–Z, 0–9 und dem Unterstrich bestehen (keine Umlaute, Sonderzeichen, o. ä.).
- Feldnamen müssen mit einem Buchstaben beginnen.
- In Textfeldern dürfen nur die Zeichen A–Z, a–z, 0–9 und der Unterstrich verwendet werden (also keine Umlaute, Sonderzeichen, o. ä.).

10 Vgl. ESRI-Knowledgebase, Artikel 21106

Wenn die Excel-Tabelle diese Bedingungen erfüllt, sollte der Export ins dBase-Format keine Probleme verursachen. Vergleichen Sie jedoch zur Sicherheit immer stichenprobenhaft die Ausgangs- und Ergebnisdaten.

Import über ASCII-Text

Das zweite zwischen Excel und ArcGIS mögliche Austauschformat ist ASCII-Text, diese Variante ist äußerst flexibel, empfiehlt sich jedoch nur für im Umgang mit Datenformaten versierte Benutzer[11].

OLE-DB-Verbindung

Ein sehr universell einsetzbares Verfahren ist die so genannte OLE-DB-Verbindung. Bei diesem Verfahren stellt eine *Server*-Software die Daten zur Verfügung, eine *Client*-Software (bzw. deren OLE-DB-Komponente) kann auf die Daten zugreifen. Server und Client kommunizieren nicht direkt miteinander, sondern über einen zwischengeschalteten Datenkonverter (Treiber) (Abb. 10-2).

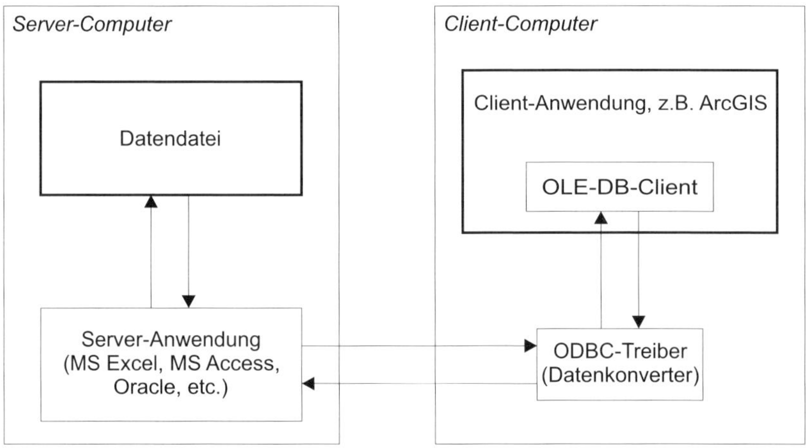


Abbildung 10-2: Funktionsweise einer OLE-DB-Verbindung

Bei MS Excel oder MS Access als Server-Software fungiert ein und derselbe Computer als Server und Client, bei anderer Server-Software (z. B. Oracle) kann das System auch auf mehrere Rechner verteilt liegen.

Die Anbindung von Daten an ArcGIS mittels OLE-DB ist relativ aufwendig zu konfigurieren, bietet aber eine Reihe von Vorteilen:

- Aufgrund des modularen Aufbaus wurden Treiber für eine Vielzahl von Dateiformaten entwickelt (Excel, Access, Oracle, MySQL, etc.).
- Die OLE-DB-Verbindung erlaubt einen dynamischen Zugriff auf die Daten, d. h. Sie erstellen keine Kopie der Daten, sondern greifen direkt auf die Ausgangsdaten zu. Wenn Sie in den Ausgangsdaten Änderungen vornehmen, werden diese automatisch in ArcGIS übernommen. (Die Daten werden in die Client-Anwendung eingebunden, daher auch die Bezeichnung OLE, *Objekt Linking and Embedding*.)
- Client und Server können auf verschiedenen, über ein Netzwerk verbundenen Computern liegen.

---

11 Die Dateien müssen präzise der Formatdefinition entsprechen. Werden z. B. beim Export Anführungszeichen als Feldbegrenzung verwendet, interpretiert ArcGIS diese Felder als Datentyp „Text". Weitere Informationen zu diesem Austauschformat finden Sie in der ArcGIS-Hilfe unter **Inhalt > ArcCatalog > Exploring the values in a table > About tabular data sources > Accessing delimited text file data**.

Das Erstellen einer OLE-DB-Verbindung zwischen Excel und ArcGIS besteht aus drei Schritten:

- Sie definieren innerhalb einer Excel-Datei, welche Daten Sie verwenden wollen.
- Sie definieren, welche Excel-Datei Ihr Computer zur Verfügung stellen soll (Einrichten einer ODBC-Datenquelle).
- Sie definieren, dass die Daten in ArcGIS verwendet werden sollen (Einrichten der OLE-DB-Anwendung).

Im Detail gehen Sie wie folgt vor:

OLE-DB konfigurieren

Zuerst müssen Sie die zu verwendenden Daten (z. B. Excel-Daten) aufbereiten. Starten Sie hierzu MS Excel und öffnen Sie die Datei **mitabeiter.xls.**

Die Tabelle enthält bereits in der obersten Zeile die Feldnamen. Stellen Sie sicher, dass die für ArcGIS-Feldnamen erforderlichen Konventionen erfüllt sind (nur A–Z, a–z, 0–9 und Unterstrich; beginnend mit Buchstaben; keine Umlaute, Leer- oder Sonderzeichen).

Markieren Sie die benötigten Daten einschließlich der Feldnamen. Wenn z. B. der Zellbereich A1–C57 die Daten enthält, markieren Sie diesen Bereich. Wählen Sie **Einfügen > Namen > Definieren** und geben Sie dem markierten Bereich den Namen **Mitarbeiter_Sitz,** dann **Hinzufügen > Schließen.** Unter diesem Namen können Sie die Daten später in ArcGIS als Tabelle verwenden[12]. Erstellen Sie nach Bedarf weitere Bereiche innerhalb der Excel-Datei. Speichern und schließen Sie die Datei.

Im nächsten Schritt konfigurieren Sie, dass ein ODBC-Treiber *(Open Database Connectivity)* auf die Excel-Daten zugreift und diese Daten anderen Anwendungen zur Verfügung stellt (vgl. Abb. 10-2): Mit **Start > Einstellungen > Systemsteuerung > Verwaltung > Datenquellen(ODBC)** gelangen Sie zum **ODBC-Datenquellen-Administrator.** Hiermit konfigurieren Sie alle ODBC-Datenquellen Ihres Computers. (Auf Ihrem Computer können mehrere Datenquellen konfiguriert sein, basierend auf verschiedenen Excel-Tabellen, Access-Tabellen, etc.)

Wählen Sie **Benutzer-DSN > Hinzufügen > Microsoft Excel-Treiber,** und vergeben Sie einen Namen, z. B. **Uni_Umfeld_MitarbeiterODBC.** Unter **Arbeitsmappe auswählen** wählen Sie die Excel-Datei aus, deren Daten verwendet werden sollen **(hier: mitarbeiter.xls).** Beachten Sie, dass die Option **Schreibgeschützt** aktiviert ist. Entfernen Sie diese, um die Excel-Daten von ArcGIS aus zu bearbeiten. Bestätigen Sie alle Einstellungen und verlassen Sie die ODBC-Konfiguration.

Als dritten Schritt stellen Sie nun mit ArcCatalog eine Verbindung zu der ODBC-Datenquelle her: Starten Sie ArcCatalog und wählen Sie in der Baumstruktur **Database Connections > Add OLE DB Connection** (Doppelklick). Hiermit können Sie u. a. auf Daten aus ODBC-Quellen zugreifen (**Microsoft OLE DB Provider for ODBC Drivers > Weiter).** Wählen Sie den Namen der vorher erstellten ODBC-Datenquelle aus **(Uni_Umfeld_MitarbeiterODBC),** testen Sie die Verbindung **(Verbindung testen)** und bestäti-

12 Das Vergeben eines Namens ist notwendig, weil eine Excel-Datei mehrere Blätter enthalten kann, darüber hinaus müssen Daten für Datenbanken (und für OLE-DB) strenger tabellarisch strukturiert sein, als Excel dies verlangt.

gen Sie die Konfiguration **(OK).** Nun wird in ArcCatalog unter **Database Connections** ein neuer Eintrag **OLE DB Connection.odc** geführt. Sie können diese nach Wunsch umbenennen.

Nun sind alle Elemente der Verbindung konfiguriert. Um die Verbindung zu benutzen, klicken Sie mit der rechten Maustaste auf die **OLE DB Connection > Connect.** Sie sehen nun den Bereich der Excel-Datei als Tabelle und können diese wie eine ArcGIS-Tabelle verwenden. Beachten Sie dabei, dass Sie die Daten nicht importieren, sondern einen Zugriff direkt in die Excel-Tabelle verwenden. Damit werden Änderungen, die Sie in Excel oder ArcMap vornehmen, in die jeweils andere Anwendung übernommen.

Import-Funktion

Falls Sie keinen Wert auf den dynamischen Zugriff legen, lässt sich eine OLE-DB-Tabelle einfach permanent in Ihre Geodatenbank importieren: Klicken Sie in ArcCatalog mit der rechten Maustaste auf die OLE-DB-Tabelle und wählen Sie **Export > OLE DB to Geodatabase (single).** Alternativ wählen Sie bei der Zieldatenbank **Import > Table (single).** In beiden Varianten erscheint der gleiche Import-Assistent.

Ist der Import der Tabelle erfolgreich, können Sie die OLE-DB-Connection wieder trennen (rechte Maustaste **> Disconnect**). Nun benötigen Sie die OLE-DB-Connection nicht mehr, sie kann gelöscht werden, ebenso die ODBC-Konfiguration **Uni_Umfeld_MitarbeiterODBC** und die Excel-Tabelle **mitarbeiter.xls.**

Weitere Informationen zur Verwendung von OLE-DB-Quellen finden Sie in der ArcGIS-Hilfe unter „ArcCatalog > Building the Catalog > Adding OLE DB connections".

Für Projektarbeiten empfiehlt sich, alle zu einem Projekt gehörigen Daten permanent in eine einzige Geodatenbank zu importieren, dies erleichtert den Überblick über die Daten. Verwenden Sie zum Importieren eines der beiden beschriebenen Verfahren (dBase-Datei oder OLE-DB-Verbindung).

Load-Funktion

Die **Import-**Funktion ist von der **Load-**Funktion zu unterscheiden: Beide Funktionen dienen dazu, Daten von außerhalb der Geodatabase in die Datenbank zu übertragen. Die **Import-**Funktion importiert Tabellenstruktur und Datenwerte und erstellt dabei eine neue Tabelle. Die **Load-**Funktion hingegen setzt voraus, dass in der Datenbank eine Tabelle mit definierten Feldern existiert, in welche nur Werte eingetragen werden. Falls die Tabelle bereits Daten enthält, werden diese nicht überschrieben, die neuen Daten werden nur angefügt.

Aufgabe

Unter www.hennermann.net finden Sie Übungsaufgaben zu diesem Kapitel, deren Bearbeitung wir empfehlen.

# 11 Lagebestimmung auf der Erde: Geographische Koordinatensysteme

## 11.1 Die Form der Erde

Die Erde ist ein unregelmäßig geformter Körper mit vielfältigen klein- und großräumigen Oberflächenformen. Dies stellt Geodäten und Kartographen vor ein großes Problem: Mathematische Verfahren wie z. B. geometrische Umrechnung der Erdoberfläche auf eine Kartenfläche (Projektion) sind auf Basis eines irregulär geformten Körpers nicht möglich. Daher wird nicht mit der realen Form der Erde, sondern mit einem Vergleichskörper gearbeitet, der die Form der Erde möglichst genau wiedergibt und zugleich mathematisch verarbeitet werden kann.

Kugel und Sphäroid

Ein sehr einfacher Vergleichskörper ist eine Kugel mit dem seit dem Altertum bekannten Radius von 6371 km. Für kleinmaßstäbige Karten, z. B. Weltkarten, bildet diese Kugel die Form der Erde hinreichend genau nach. Tatsächlich ähnelt die Erde jedoch eher einer an den Polen geringfügig abgeplatteten Kugel. Ein Vergleichskörper, der dies nachbildet, ist das Sphäroid. Geometrisch gesehen handelt es sich dabei um ein Rotationsellipsoid, also diejenige Oberfläche, die durch eine um ihre kleine Achse rotierende Ellipse gebildet wird[13] (Abb. 11-1). Für die Kartographie ist das Sphäroid das genaueste mögliche Abbild der Erdform.

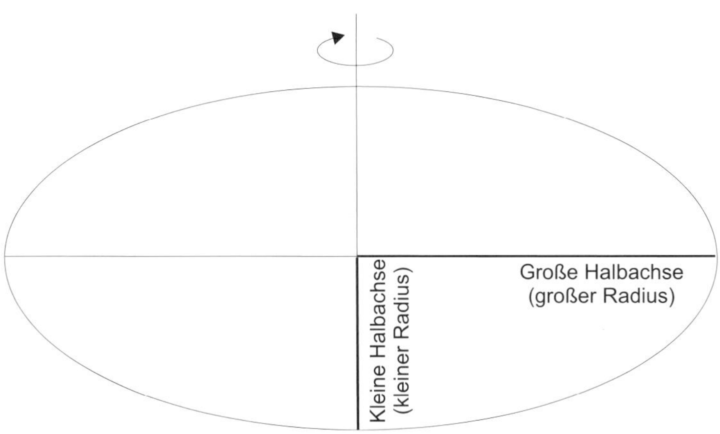


Abbildung 11-1: Rotationsellipsoid

Ein Sphäroid ist ebenso wie eine Ellipse durch seine große Halbachse a und seine kleine Halbachse b eindeutig definiert. Alternativ kann es auch durch die große Halbachse a und die Abflachung f beschrieben werden, wobei gilt:

$$f = (a \times b) / a$$

13 Auch eine Kugel ist geometrisch betrachtet nur ein Rotationsellipsoid mit zwei gleich langen Achsen.

In den vergangenen Jahrhunderten wurde versucht, möglichst erdähnliche Sphäroide zu berechnen. Die wichtigsten Ergebnisse sind in Tabelle 11-1 aufgeführt.

| Name des Sphäroids | großer Radius | kleiner Radius |
|---|---|---|
| Bessel 1840 | 6 377 397 m | 6 356 079 m |
| Clarke 1866 | 6 378 206 m | 6 356 584 m |
| Hayford 1924 | 6 378 388 m | 6 356 912 m |
| Krassowski 1944 | 6 378 245 m | 6 356 863 m |
| GRS 80 (Geodetic Reference System 1980) | 6 378 137 m | 6 356 752 m |
| WGS 84 (World Geodetic System 1984) | 6 378 137 m | 6 356 752 m |

Tabelle 11-1: Maße verschiedener Sphäroide

Die geodätischen Sphäroide sind meist nach den Personen, die sie errechnet haben, benannt. Dabei ist keines dieser Sphäroide richtiger oder besser als ein anderes: Die Erdoberfläche besitzt Regionen (auch im kontinentalen Maßstab), die weiter oder weniger weit vom Massenschwerpunkt der Erde entfernt sind. Aufgrund von Gravitationseffekten trifft dies auch auf die Oberflächen der Ozeane zu. Daher „passt" für verschiedene Regionen der Erde ein jeweils anderes Sphäroid.

Dies stellte lange Zeit kein Problem dar, die meisten Sphäroide wurden ohnehin nur errechnet, um eine bestimmte Region (i. d. R. ein Staatsgebiet) möglicht genau abzubilden. Erst jüngere Sphäroide wie das GRS 80 oder das WGS 84 repräsentieren einen globalen Durchschnitt der Entfernung vom Erdmittelpunkt (so genannte geozentrische Sphäroide).

> Das Sphäroid ist die bestmögliche mathematische Beschreibung der Erdform.

Geoid

Ein weiterer Vergleichskörper, der nicht in der Kartographie, aber im Vermessungswesen gewisse Bedeutung besitzt, ist das Geoid. Das Geoid ist diejenige Fläche, an der eine bestimmte Schwerkraft, die sog. Normalschwere (9,81 $m/s^2$), herrscht. Die Punkte mit Normalschwere sind unterschiedlich weit vom geometrischen Erdmittelpunkt entfernt, daher besitzt das Geoid eine unregelmäßige Oberfläche, man kann es sich als ein Sphäroid mit Ein- und Ausbuchtungen vorstellen (vgl. Abb. 11-2). Gegenüber einem Ellipsoid weist das Geoid Erhebungen und Vertiefungen in der Größenordnung von max. 150 m auf.

Das geodätische Datum

Die meisten Sphäroide wurden berechnet, um eine konkrete Region geodätisch und kartographisch zu erfassen. Hierfür muss das Sphäroid möglichst genau an der realen Oberfläche dieser Region „anliegen". Um dies

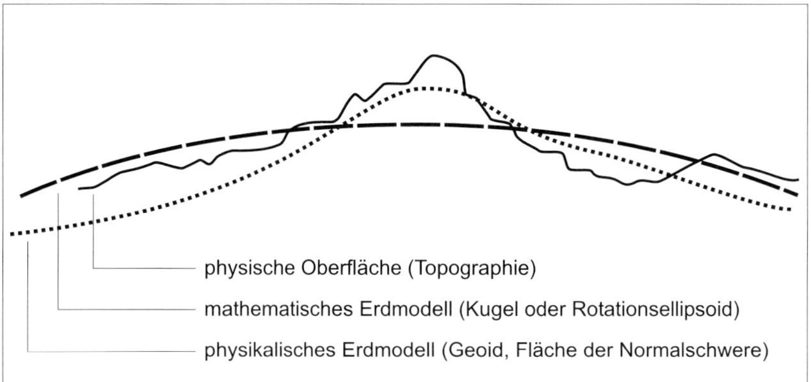


Abbildung 11-2: Form der Erde

zu erreichen, kann man nicht nur die Abmessungen des Sphäroids variieren, sondern darüber hinaus auch den Sphäroidmittelpunkt gegenüber dem Erdmittelpunkt versetzen (Abb. 11-3). So wird die bestmögliche Anpassung des Sphäroids an die jeweilige Region erreicht. Der Versatz kann mehrere hundert Meter betragen.

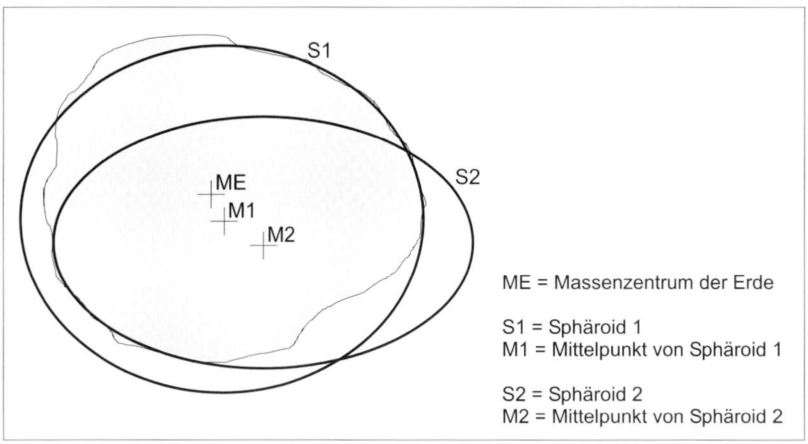


Abbildung 11-3: Versatz des Sphäroids gegenüber dem Erdmittelpunkt

Die Kombination bestimmter Sphäroidabmessungen mit einem bestimmten Versatz heißt geodätisches Datum (auch: Kartendatum).

> Ein geodätisches Datum ist ein Satz von Parametern, welcher die Abmessungen eines Sphäroids und seinen Versatz gegenüber dem Massenschwerpunkt der Erde definiert.

Lokales und geozentrisches Datum

Man unterscheidet zwischen lokalem und geozentrischem Datum: Bei einem lokalen Datum wird, wie oben beschrieben, ein Sphäroid gegenüber dem Massenzentrum verschoben, damit es an einer bestimmten Region besonders passgenau anliegt. Das so entstandene Datum trägt meist den Namen der Region, an die es angepasst ist (Belgien-Datum, Bern-Datum, etc.).

Ein lokales Datum ist nur für Koordinatenbestimmungen in der jeweiligen Region geeignet. In Deutschland wurde bisher in den alten Bundesländern das Potsdam-Datum verwendet, welches auf einem Bessel-Sphäroid beruht. In den neuen Bundesländern verwendet man das Pulkovo-Datum mit einem Krassowski-Sphäroid. Potsdam-Datum und Pulkovo-Datum bilden zusammen das DHDN (Deutsches Hauptdreiecksnetz). Künftig soll europaweit auf das ETRS-89-Datum mit dem GRS-80-Sphäroid umgestellt werden.

Legt man das Sphäroid so an, dass der Mittelpunkt des Sphäroids und der Massenschwerpunkt der Erde zusammenfallen (es besteht also kein Versatz), so spricht man von einem geozentrischen Datum (engl. *earth-centered datum*). In diesem Fall trägt das geozentrische Datum meist den Namen des entsprechenden Sphäroids, z. B. WGS 84. Das WGS-84-Datum ist also nichts anderes als ein WGS-84-Sphäroid, dessen Versatz gegenüber dem Erdzentrum gleich Null ist.

Je nach verwendetem Datum können die Koordinaten eines Punktes auf der Erdoberfläche (s.u.) leicht variieren. Diese Variation beträgt Bruchteile eines Grades bzw. einige hundert Meter. Daher ist bei exakten Koordinatenangaben immer auch wichtig, auf welches Datum sich die Koordinaten beziehen.

## 11.2 Koordinaten auf dem Sphäroid

Für die Verarbeitung von Geodaten ist es nötig, die Position von Objekten im Raum eindeutig und exakt anzugeben. Diese Positionsangabe erfolgt, indem wir ein Koordinatengitter über den Untersuchungsraum legen und in diesem die Position des Objekts ablesen. Bei zweidimensionalen Räumen ist das unproblematisch, hierfür können wir ein kartesisches Koordinatensystem verwenden (Abb. 11-4).

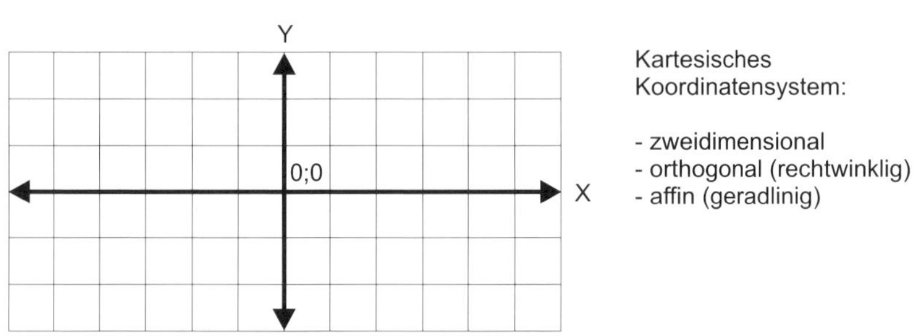


Abbildung 11-4: Kartesisches Koordinatensystem

Anders verhält es sich mit der dreidimensionalen Sphäroidoberfläche, hierfür ist ein kartesisches System nicht anwendbar. Stattdessen verwenden wir so genannte sphärische Koordinaten (Kugelkoordinaten). Sphärische Koordinaten sind sowohl auf einer Kugel als auch auf einem Ellipsoid anwendbar.

Wie alle Koordinatensysteme besteht auch ein sphärisches Koordinatensystem aus drei Komponenten:

- einem Gitternetz
- den Achsen
- einer Messsystematik

Gitternetz

Abbildung 11-5 zeigt, wie das Gitternetz sphärischer Koordinatensysteme aufgebaut ist.

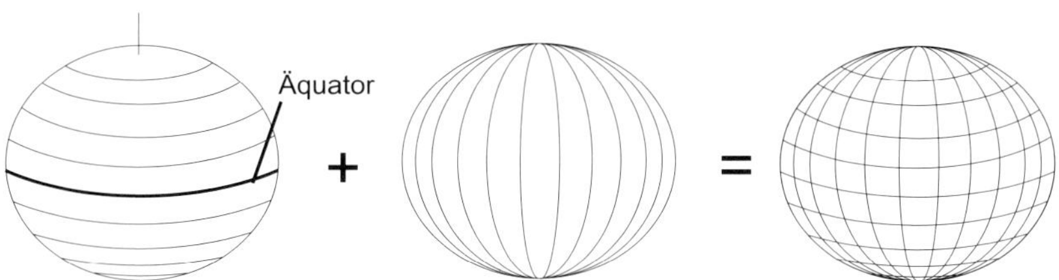


Abbildung 11-5: Sphärisches Gitternetz

Die Konstruktion des Gitternetzes geht von der Rotationsachse des Ellipsoids aus. Die Schnittpunkte dieser Achse mit der Oberfläche heißen Pole. Alle Punkte der Oberfläche, die von einem Pol gleich weit entfernt liegen, bilden einen so genannten Parallelkreis. Ein besonderer Parallelkreis ist der Äquator (griech. „Linie gleichen Abstands"). Er wird von allen Punkten gebildet, die von beiden Polen gleich weit entfernt liegen. Die Äquatorialebene halbiert die Achse und damit auch das Sphäroid.

Jede kürzeste auf der Oberfläche verlaufende Verbindung zwischen den Polen heißt Meridian. Damit verlaufen an jedem Punkt der Oberfläche Parallelkreise und Meridiane senkrecht zueinander, sie bilden ein rechtwinkliges Gitternetz. Die Lage eines Punktes P auf der Oberfläche ist durch den Parallelkreis und den Meridian, auf denen er liegt, eindeutig bestimmt.

Achsen

Neben der Definition des Gitternetzes müssen wir angeben, wo in diesem Gitter die Achsen und damit der Ursprung des Koordinatensystems liegen. Wir verwenden als Achsen einen Parallelkreis und einen Meridian. Unter den Parallelkreisen bietet sich der Äquator als Achse X an. Von den Meridianen besitzt keiner besondere Eigenschaften, daher können wir einen beliebigen als Achse Y bestimmen (Abb. 11-6). Diesen bezeichnen wir auch als Nullmeridian $L_0$.

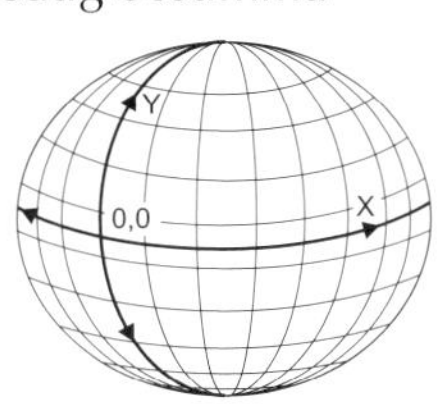


Abbildung 11-6: Definition der Achsen

Koordinatenmessung

Als dritten Parameter des Systems benötigen wir noch ein Verfahren, mit dem wir Koordinaten ablesen. Sphärische Koordinatensysteme verwenden ein winkelbasiertes Messsystem, wie in Abbildung 11-7 dargestellt.

Um im sphärischen Winkelsystem anzugeben, wie weit ein Punkt P vom Nullmeridian $L_0$ entfernt ist, messen wir in der Äquatorebene den Winkel $\lambda$ (Lambda) zwischen $L_0$ und dem Längenkreis, auf dem P liegt. Es gilt:

$$-180^\circ \leq \lambda \leq +180^\circ$$

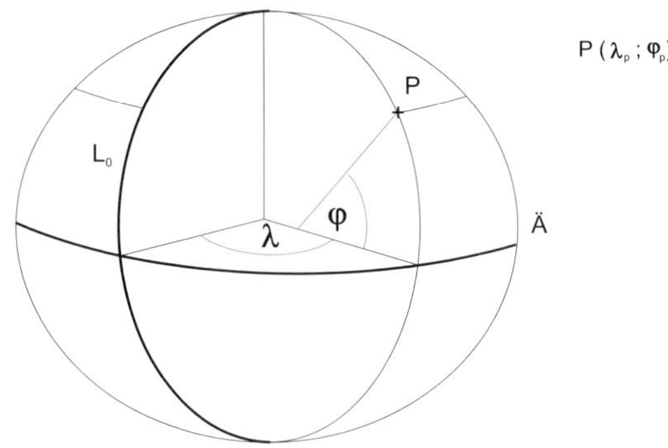


Abbildung 11-7: Winkel-Messsystem auf dem Sphäroid

Der zweite Koordinatenwert eines Punktes P ist seine Entfernung vom Äquator. Um diese zu ermitteln, fällen wir in P ein Lot zur Sphäroidoberfläche. Nun messen wir den Winkel φ (Phi) zwischen dem Lot und der Äquatorebene. Dieser Winkel gibt die Lage von P bezüglich der Äquatorebene an. Wenn das Sphäroid eine Kugel ist, schneidet das Lot die Äquatorebene im Kugelmittelpunkt, bei einem Ellipsoid ist das nicht der Fall. Für φ gilt immer:

$$-90^\circ \leq \varphi \leq +90^\circ$$

Wie Abbildung 11-8 zeigt, hängt φ vom Verhältnis der Halbachsen (Abflachung des Sphäroids) ab. Daher ist bei exakten Koordinatenangaben immer auch die Angabe der verwendeten Sphäroidabmessungen notwendig.

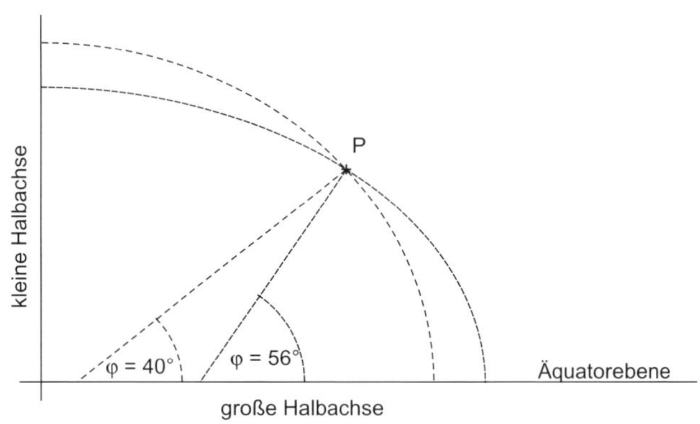


Abbildung 11-8: Abhängigkeit des Winkels φ vom Sphäroid

Mit dem Gitternetz, den Achsen und dem Winkel-Messsystem ist das Koordinatensystem auf dem Sphäroid nun eindeutig definiert.

Ein sphärisches Koordinatensystem besteht aus einem Gitternetz, zwei Achsen und einer Systematik für die Winkelmessung.

Das Gitternetz besteht aus Parallelkreisen und Meridianen.

Als Parallel-Achse wird der Äquator verwendet, die Meridian-Achse kann beliebig gewählt werden.

Die Koordinaten eines Punktes auf der Sphäroidoberfläche ergeben sich aus den Winkeln zu Meridian-Achse und Äquatorebene.

Das geographische Gradnetz

Das vorausgehende Kapitel hat die allgemeine Geometrie sphärischer Koordinatensysteme beschrieben. Für die Lagebestimmung auf der Erde gilt zusätzlich:

- Als Nullmeridian wird der durch die Sternwarte von Greenwich bei London verlaufende Längenkreis verwendet. Dies wurde 1884 international vereinbart. Ausgehend von dieser Linie werden die Meridiane jeweils nach Osten und Westen bis zu 180° beziffert, so dass der 180. Meridian westlicher und östlicher Länge zusammenfallen (sog. Datumsgrenze).
- Die Winkel werden in der Einheit Grad angegeben. Ein Grad (1°) ist in 60 Minuten (60′), eine Minute wiederum in 60 Sekunden (60″) unterteilt. Alternativ können die Winkel auch in Dezimalschreibweise angegeben werden (z. B. 10,5° anstatt 10° 30′).

Diese Festlegungen bezeichnet man als das geographische Gradnetz (vgl. Abb. 11-9).

> Das geographische Gradnetz ist ein geographisches Koordinatensystem. Der Bezugsmeridian des geographischen Gradnetzes verläuft durch Greenwich, als Winkelmaß wird Grad verwendet.

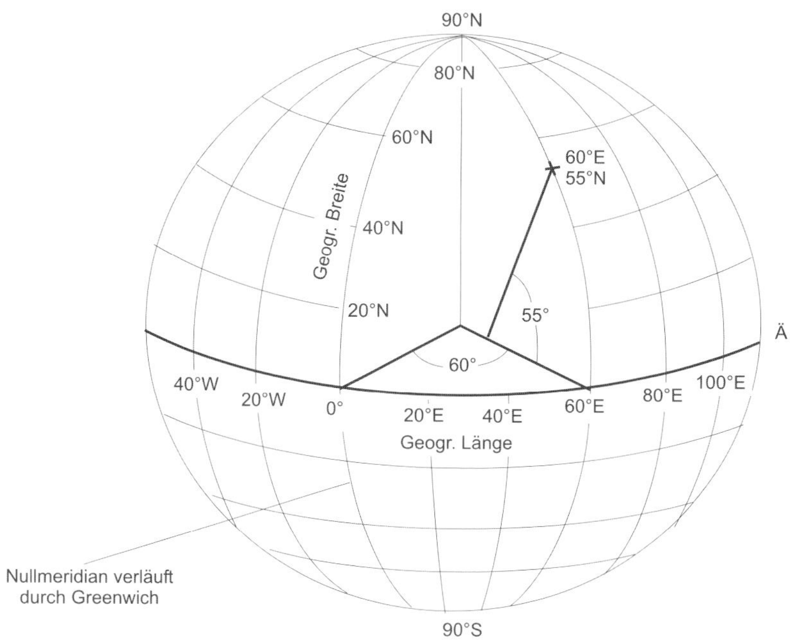


Abbildung 11-9: Das Geographische Gradnetz

Neben dem geographischen Gradnetz sind aus historischen Gründen vereinzelt noch geographische Koordinatensysteme mit anderem Nullmeridian (z. B. bei Bern, Paris oder Stockholm) oder anderen Winkeleinheiten (z. B. Bogenmaß oder Gon) anzutreffen.

Im Zusammenhang mit dem geographischen Gradnetz sollten Sie auch die folgenden Begriffe kennen:

- Um die beiden Pole zu unterscheiden, bezeichnen wir einen als Nord-, den anderen als Südpol. Diese geographischen Pole sind nicht zu verwechseln mit den magnetischen Polen.
- Analog zu den Polen heißen die durch den Äquator gebildeten Sphäroidhälften Nord- und Südhalbkugel oder nördliche und südliche Hemisphäre.
- Parallelkreise werden auch als Breitenkreise bezeichnet (engl. *Parallels*).
- Meridiane werden auch als Längenkreise bezeichnet (engl. *Meridians*).
- Der Winkel $\lambda$ heißt geographische Länge (engl. *Longitude*) des Punktes P.
- Der Winkel $\varphi$ heißt geographische Breite (engl. *Latitude*) des Punktes P.
- Bei der Angabe der Koordinaten eines Punktes P wird zuerst die Länge $\lambda$, dann die Breite $\varphi$ angegeben.
- Bei Koordinaten ist immer anzugeben, ob der Punkt nördlich oder südlich des Äquators und westlich oder östlich des Nullmeridians liegt, dies erfolgt durch den Zusatz N, S, W oder E (E für East/Ost). So liegt die Chilenische Hauptstadt Santiago bei (70°38′ W; 33°41′ S), München bei (11°30′ E; 48°8′ N). In Software ist hingegen üblich, Koordinaten in Dezimalschreibweise sowie W und S als negative Werte anzugeben, d. h. für Santiago (–70,63; –33,68), für München (11,50; 48,13).

Nimmt man die Erde als Kugel mit r = 6371 km an, so entspricht ein Abstand von 1° in Nord-Süd-Richtung einer Entfernung von ca. 110 km. West-Ost-Abstände hingegen verringern sich vom Äquator zu den Polen, so entspricht 1° am Äquator ca. 110 km, an den Polen 0 km. Dies erschwert die Umrechnung von Gradangaben in metrische Angaben erheblich.

Wie bereits angesprochen ist die geographische Breite eines Punktes P von der Abflachung des Sphäroids abhängig. Dieser Effekt beträgt jedoch nur Bruchteile eines Grades. Für eine Darstellung in kleinen Maßstäben (bis ca. 1 : 5 Mio.) können wir die Abflachung vernachlässigen und die Form der Erde ohne weiteres als Kugel mit r = 6371 km annehmen. In größeren Maßstäben hingegen (1 : 1 Mio. oder größer) ist durchaus relevant, auf welches Sphäroid sich eine Koordinatenangabe bezieht. Zwischen 1 : 1 Mio. und 1 : 5 Mio. hängt die Entscheidung, ob als Bezugskörper eine Kugel oder ein Sphäroid verwendet wird, von der benötigten Genauigkeit der Koordinatenerfassung ab.

## 11.3 Geographische Koordinatensysteme in ArcGIS

ArcGIS ist in der Lage, die Elemente einer Feature Class mit ihren geographischen Koordinaten zu speichern. Dabei entsteht in der Datenbank quasi ein dreidimensionales Modell der Erde.

Beispiel

Starten Sie ArcCatalog und gehen Sie in den Übungsdaten zur Datenbank **Kap_08\Beispiel_GDB_1,** darin zur Feature Class **Kreise.** Klicken Sie diese mit der rechten Maustaste an und wählen Sie **Properties,** dann die Karte **Fields,** darin das Feld **Shape.** Unter **Spatial Reference** sehen Sie den Eintrag **GCS_WGS_1984** *(Geographic Coordinate System WGS 1984).* Dies sagt Ihnen, dass die Geoobjekte in dieser Feature Class anhand von geographischen Koordinaten verortet sind und diesen Koordinaten das WGS-1984-Datum zugrunde liegt. Mit dem Button „…" können Sie weitere Details aufrufen. Hier wird die verwendete Winkeleinheit *(Angular Unit)* **Grad** angezeigt, der Nullmeridian *(Prime Meridian)* **Greenwich** und das Datum **WGS 1984.** Diesem Datum wiederum liegt das gleichnamige Sphäroid zugrunde. Die Namensgleichheit von Sphäroid und Datum sagt uns, dass es sich um ein geozentrisches Datum handelt. Die Sphäroidabmessungen sind ebenfalls angegeben. In der Karte **X/Y-Domain** ist darüber hinaus angegeben, in welchem Ausschnitt des Sphäroids die Geoobjekte liegen. All diese Informationen können Sie auch über die Metadaten der Feature Class abrufen.

Visualisierung

ArcGIS kann zwar sphärische Koordinaten speichern, diese aber aufgrund des zweidimensionalen Bildschirms nicht dreidimensional anzeigen. Daher müssen Objekte mit geographischen Koordinaten für die Anzeige in ArcMap immer projiziert werden. Diese Projektion stellen Sie in ArcMap unter **View > Data Frame Properties > Coordinate System** ein, dabei werden die Koordinaten in der Datenbank nicht verändert, sondern nur temporär für die Anzeige am Bildschirm umgerechnet.

Umrechnung

Sie können mit ArcGIS die Koordinaten von Geoobjekten auch dauerhaft in ein anderes System umrechnen, z. B. von einem drei- in ein zweidimensionales System oder von einem Datum in ein anderes. Diese Funktion finden Sie in ArcCatalog und ArcMap: **Window > ArcToolbox > Data Management Tools > Projections and Transformations > Feature > Project** (die Bezeichnung **Project** ist irreführend, da diese Umrechnung nicht unbedingt mit einer Neuprojektion zu tun hat).

Verfügbare geographische Koordinatensysteme

Eine Liste aller in ArcGIS vordefinierten geographischen Koordinatensysteme finden Sie im ArcCatalog-Baum unter **Coordinate Systems > Geographic Coordinate Systems.** Hier sind die Systeme nach den Regionen, für die sie entwickelt wurden, sortiert. Rufen Sie z. B. zu **Europe > ETRS 1989** die **Properties** auf. Dieses ist das künftige europaweite Standardsystem zur Lagebestimmung. Es verwendet Grad als Winkeleinheit, den Meridian bei Greenwich als Nullmeridian und das Datum ETRS 1989. Dieses Datum besteht aus einem GRS-1980-Sphäroid (≈ 6 378 137 m × 6 356 752 m) und einem Versatz des Sphäroids gegenüber dem Erdmittelpunkt. Dieser Versatz ist in ArcGIS nicht angegeben.

Zusammenfassung

Ein geographisches Koordinatensystem ist durch die folgenden Parameter definiert:

Ein geodätisches Datum, dieses wiederum besteht aus einem bestimmten Sphäroid und dessen Versatz gegenüber dem Massenschwerpunkt der Erde.

Die Angabe eines Bezugsmeridians (i. d. R. Greenwich).

Die Angabe eines Messverfahrens für Koordinaten (i. d. R. geographisches Gradnetz).

All diese Angaben sind notwendig, um die Lage eines Punktes exakt durch seine Koordinaten auszudrücken und umgekehrt anhand seiner Koordinaten den entsprechenden Punkt auf dem Sphäroid zu finden.

Im Zusammenhang mit GIS-Software ist darüber hinaus relevant:

- Wenn GIS-Software einen Punkt speichert, speichert sie eigentlich die Koordinaten des Punktes. Diese Angaben sind, wie wir gesehen haben, nur in Verbindung mit einem bestimmten geographischen Koordinatensystem sinnvoll.
- Koordinaten, die in einem bestimmten System vorliegen, können mit den Mitteln der sphärischen Geometrie in ein anderes System umgerechnet werden. Diese Umrechnung ist eine wesentliche Funktion von GIS-Software.
- Bei Winkelangaben ist darauf zu achten, ob Grad- oder Dezimalschreibweise verwendet wird, z. B. gilt: 50°15′20″ = 50,2533°. In GIS-Software ist die Dezimalschreibweise üblich.

Aufgabe Unter www.hennermann.net finden Sie Übungsaufgaben zu diesem Kapitel, deren Bearbeitung wir empfehlen.

# 12 Lagebestimmung in der Karte: Projizierte Koordinatensysteme

Geographische und projizierte Koordinaten

Im letzten Kapitel haben wir uns mit Geographischen Koordinatensystemen beschäftigt, wie sie zur Bestimmung von Koordinaten auf einem dreidimensionalen Sphäroid verwendet werden und insbesondere in der Geodäsie relevant sind. Dieses Kapitel behandelt projizierte Koordinatensysteme, dabei handelt es sich um Koordinatensysteme in der zweidimensionalen Kartenebene. Sie dienen vor allem zum Ablesen von Strecken und Flächeninhalten aus der Karte. Geographische und projizierte Koordinatensysteme haben nichts miteinander zu tun.

Projizierte Koordinatensysteme in ArcGIS

Starten Sie ArcMap und fügen Sie mit **File > Add Data** aus der Datenbank **Kap_08\Beispiel_GDB_1** die Feature Class **Kreise** hinzu. Diese Feature Class enthält die Grenzen der bayerischen Landkreise, diese sollten nun angezeigt werden. Diese Bayern-Karte erscheint uns jedoch verzerrt. Dies liegt daran, dass jeder Punkt mit seinen geographischen Koordinaten (Sphäroid-Koordinaten) gespeichert ist, ArcGIS aber das Sphäroid nicht dreidimensional anzeigen kann. Daher behandelt die Software die sphärischen Koordinaten (rechts unten angezeigt) einfach so, als handle es sich um kartesische Koordinaten.

Stellen Sie nun ein, dass die Daten in einem projizierten Koordinatensystem dargestellt werden sollen: **View > Data Frame Properties > Coordinate System > Predefined > Projected Coordinate Systems > UTM > WGS 1984 > WGS 1984 UTM Zone 32N > OK.** Hierbei geschehen zwei Prozesse: Zum einen wird die Darstellung des Raumausschnitts geometrisch umgeformt (projiziert). Zusätzlich wird auf die Abbildung ein metrisches Koordinatensystem gelegt, dies erkennen Sie daran, dass am unteren Fensterrand Koordinaten in Metern angezeigt werden. In ArcGIS besteht ein projiziertes Koordinatensystem immer aus diesen beiden Komponenten.

> Ein projiziertes Koordinatensystem besteht aus (1) einer Projektion, diese definiert, nach welchem Verfahren die Sphäroidoberfläche in die Kartenebene abgebildet wird, und (2) einem Koordinatensystem, welches auf die Kartenebene gelegt wird.

## 12.1 Vom Sphäroid in die Ebene: Die Projektion

Prinzip der Projektion

Ziel der Projektion ist, die Elemente der dreidimensionalen Sphäroidoberfläche auf eine zweidimensionale Kartenfläche abzubilden. Sie können sich eine Projektion vorstellen, als befinde sich eine punktförmige Lichtquelle im Zentrum eines transparenten Sphäroids, um das ein Zylinder gewickelt ist (Abb. 12-1). Auf der Sphäroidoberfläche liegen Geoobjekte

(Landmassen, Staatsgrenzen, etc.). Die Lichtquelle wirft die Formen der Geoobjekte auf den Zylinder. Zeichnet man die Umrisse nach und rollt den Zylinder ab, entsteht eine zweidimensionale Karte.

In der Praxis werden die Formen in der Kartenfläche natürlich nicht zeichnerisch bestimmt, sondern jede geographische Koordinate P ($\lambda;\varphi$) wird in eine projizierte Koordinate P′(x;y) umgerechnet, der dabei verwendete Formelsatz heißt Projektions- oder Abbildungsgleichung. Nehmen wir an, dass das Sphäroid Kugelform besitzt und der Zylinder am Äquator anliegt, so lautet die Abbildungsgleichung:

$$x = \lambda - \lambda_0$$
$$y = \ln(\tan\varphi + \sec\varphi)$$

wobei

$\lambda$ = geographische Länge von P
$\lambda_0$ = geographische Länge des Bezugsmeridians
$\varphi$ = geographische Breite von P
x = Ostwert von P′
y = Nordwert von P′

Für Rotationsellipsoide sind die Abbildungsgleichungen deutlich komplexer als für eine Kugel (vgl. SNYDER 1987, S. 38–75).

> Eine Kartenprojektion (auch: Abbildung, Kartennetzentwurf) ist eine mathematische Transformation, welche die Sphäroidoberfläche in eine ebene Fläche abbildet.

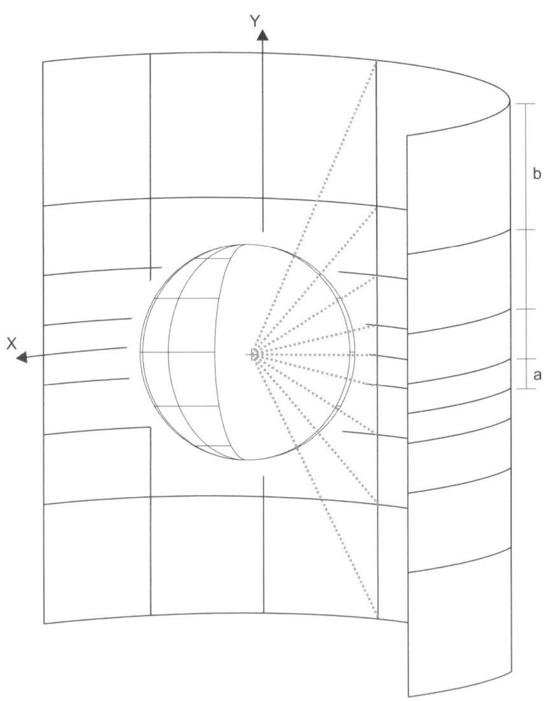


Abbildung 12-1: Prinzip der Projektion

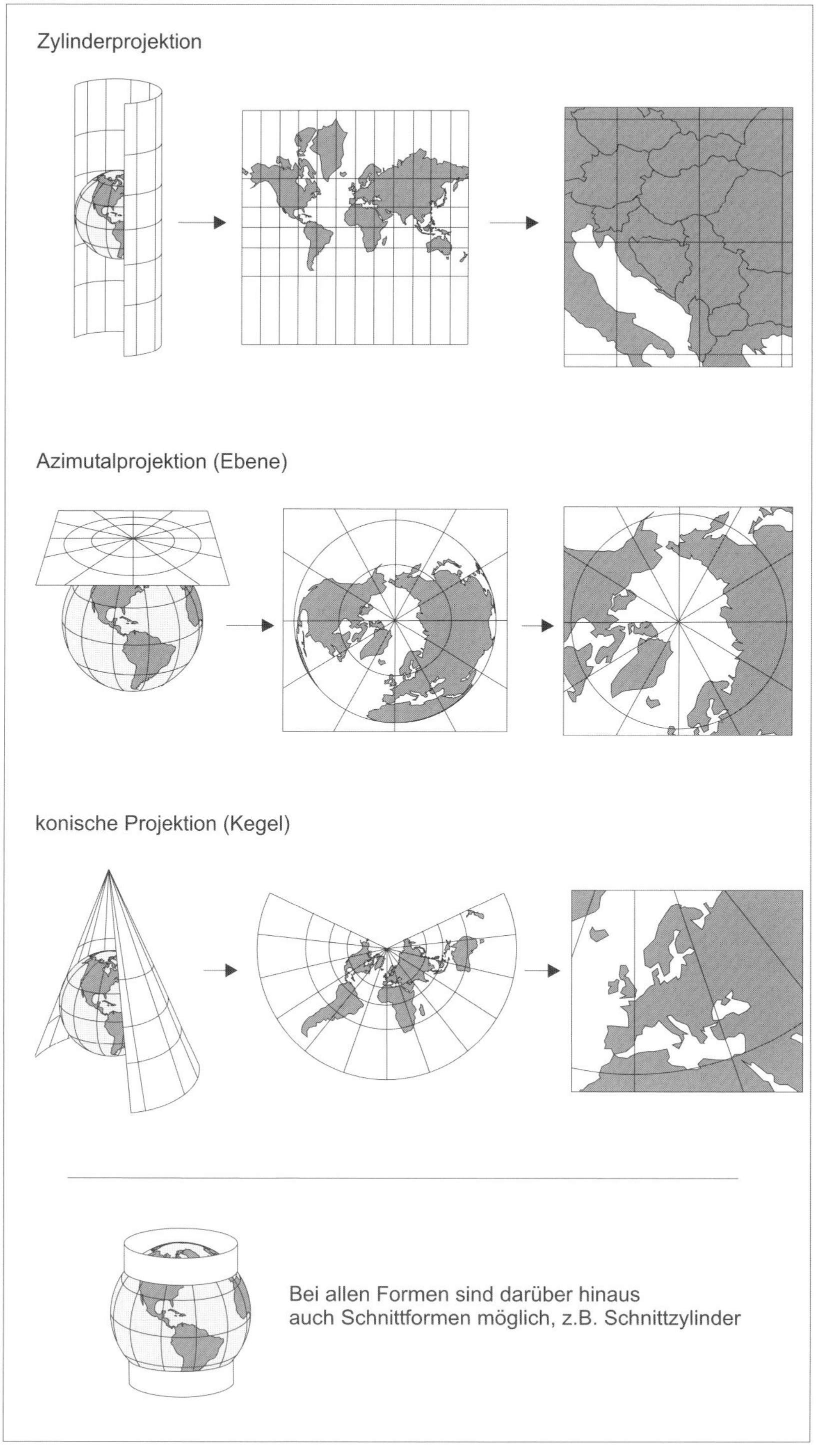


Abbildung 12-2: Formen der Abbildungsfläche

Die Objekte in der Karte erscheinen gegenüber den Objekten auf dem Sphäroid teilweise stark verzerrt, so werden in Abbildung 12-1 die real gleich langen Strecken *a* und *b* zu den Polen hin gestreckt. Durch die Krümmung der Sphäroidoberfläche ist eine verzerrungsfreie Abbildung grundsätzlich nicht möglich, die Verzerrungen lassen sich jedoch für bestimmte Regionen minimieren, indem Form und Ausrichtung der Abbildungsfläche sowie die Lage des Projektionszentrums entsprechend angepasst werden.

Form der Abbildungsfläche

Abbildung 12-2 zeigt die wichtigsten Abbildungsflächen.

- Zylinderprojektion: Projektionsfläche ist ein Zylindermantel, der das Sphäroid in einer Linie berührt (bzw. als Schnittzylinder in zwei Linien schneidet). Die bekannteste Zylinderprojektion ist die von Gerhard Mercator 1569 entwickelte und nach ihm benannte Mercatorprojektion. Sie ist entlang der Berührungslinie verzerrungsfrei und wird vor allem für kleinräumige Karten verwendet.
- Azimutalprojektion (Ebenenprojektion): Projektionsfläche ist eine Ebene, welche das Sphäroid in einem Punkt berührt oder in einem Kreis schneidet. Azimutalprojektionen werden vor allem für Karten der Polargebiete verwendet.
- Konische Projektion (Kegelprojektion): Projektionsfläche ist ein Kegelmantel, der das Sphäroid entweder in einem Breitenkreis berührt (Berührungskegel) oder in zwei Breitenkreisen schneidet (Schnittkegel). Kegelprojektionen sind vor allem für die Abbildung einzelner Kontinente geeignet.

Bei allen Abbildungsflächen sind die Verzerrungen in den Berührpunkten bzw. Schnittlinien am geringsten. Daher sollte die Abbildungsfläche so gewählt werden, dass sie das Sphäroid am Untersuchungsgebiet berührt bzw. schneidet.

Neben diesen dreien sind weitere Abbildungsflächen möglich, so besteht z. B. die polykonische Abbildung aus zwei Kegeln, die Polyederabbildung aus einer Reihe von Trapezen. Grundsätzlich ist als Abbildungsfläche jede geometrische Form möglich, die zu einer zweidimensionalen Fläche „ausgeklappt" werden kann.

So stellen Sie in ArcMap ein projiziertes System ein: Starten Sie ArcMap und laden Sie mit **File > Add Data** aus der Geodatenbank **Kapitel_12\Koordinaten.mdb** die beiden Feature Classes **Welt_Landmassen** und **Gradnetz30.** Rufen Sie dann **View > Data Frame Properties > Coordinate System** auf. Sie haben noch kein bestimmtes System eingestellt, daher zeigt ArcMap das Koordinatensystem an, in dem die Objekte gespeichert sind, in diesem Fall das geographische Koordinatensystem (GCS) WGS 1984. Wie bereits im Bayern-Beispiel kann ArcMap das geographische Koordinatensystem nicht dreidimensional anzeigen und behandelt die Koordinaten, als bezögen sie sich auf ein kartesisches System.

Wählen Sie nun im unteren Fensterbereich **Predefined > Projected Coordinate Systems > World > Mercator (world) > OK.** Die Darstellung wird in die Mercator-Projektion umgerechnet. Beachten Sie dabei, dass die in der Datenbank gespeicherten geographischen Koordinaten nicht verändert werden, ArcMap rechnet diese nur für die aktuelle Anzeige um.

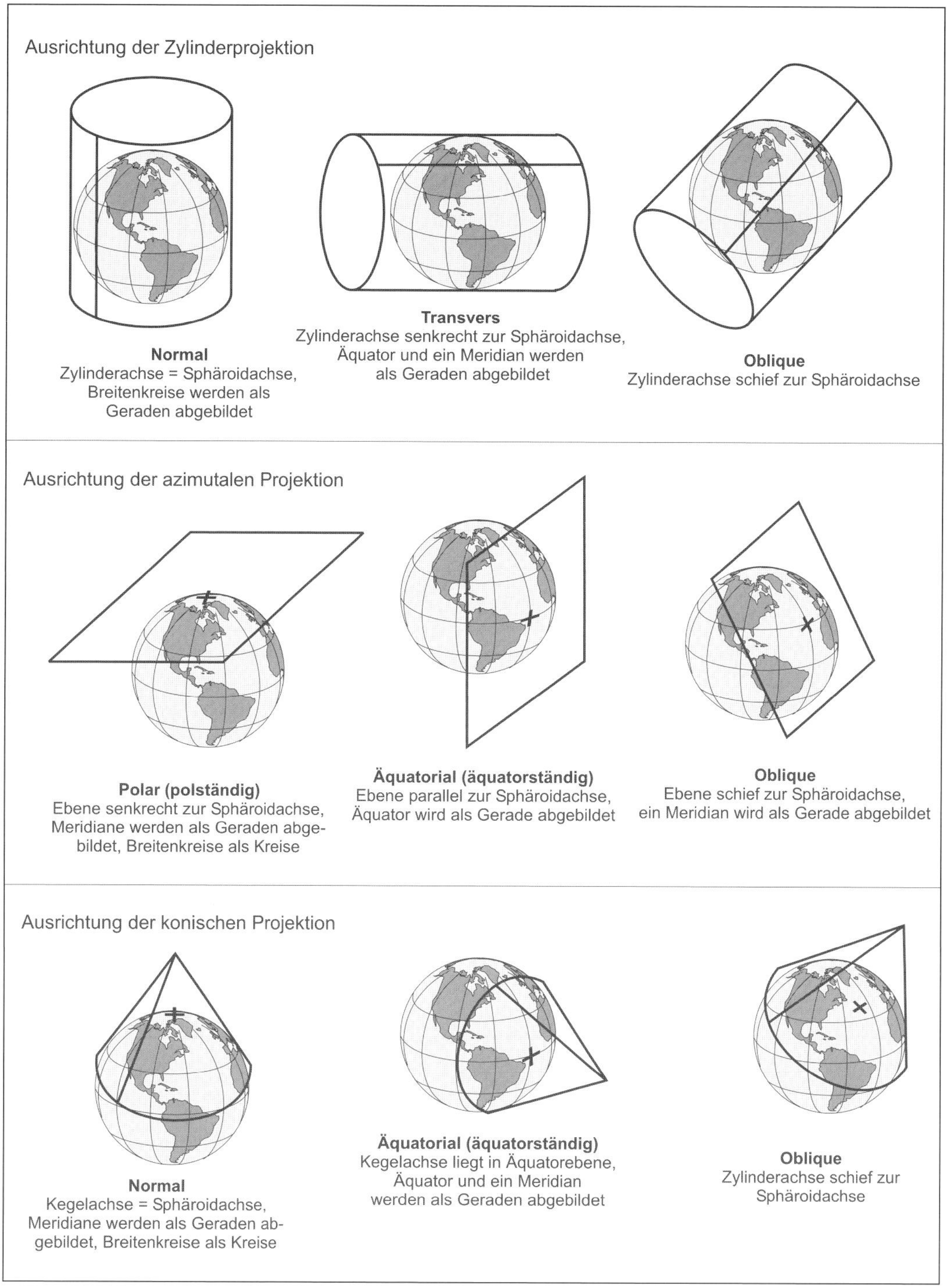


Abbildung 12-3: Ausrichtung der Abbildungsfläche

Stellen Sie nun eine andere Projektion ein, z. B. **World > Winkel Tripel (NGS – world).** Die Winkel-Projektion wird häufig für Weltkarten verwendet.

Bei jeder Projektion können Sie darüber hinaus spezifische Parameter angeben (Button **Modify**), z. B.:

- Zentralmeridian **(Central Meridian)**: Der Zentralmeridian gibt bei Zylinder- und Kegelprojektionen die Mitte der Abbildung an. Stellen Sie die Mercator-Projektion ein und ändern Sie **Central Meridian** auf den Wert 100 (100° W). Die Abbildung wird entsprechend zentriert.
- Standard-Parallelkreis: Dies ist derjenige Breitenkreis, an dem die Projektionsfläche die Sphäroidoberfläche berührt. Ein Berührungszylinder oder -kegel besitzt einen Standard-Parallelkreis, ein Schnittzylinder oder -kegel zwei. Entlang dieser Berührungslinien treten keine Verzerrungen auf.

Stellen Sie nun die Projektion **Predefined > Projected Coordinate System > Continental > Europe > Europe Albers Equal Area Conic** ein. Hierbei handelt es sich um eine Zylinderprojektion. Sie verwendet als Zentralmeridian 10° W, als Standard-Parallelkreise 43° N und 62° N. Diese Projektion ist auch für andere Kontinente verfügbar, verwendet dann aber andere Werte für Zentralmeridian und Standard-Parallelkreise. Sie können alle Projektionsparameter nach Bedarf ändern, dies ist jedoch nur selten nötig, da in ArcGIS die gebräuchlichsten Projektionen vordefiniert sind.

Ausrichtung der Abbildungsfläche

Neben der Form der Abbildungsfläche kann ihre Ausrichtung gegenüber dem Sphäroid verändert werden (Abb. 12-3).

Vor allem die transverse Zylinderprojektion ist von großer Bedeutung, da sie das Gebiet entlang eines bestimmten Meridians verzerrungsfrei abbildet. Andere, wie die oblique Kegelprojektion, sind äußerst selten und werden z. T. von ArcGIS nicht unterstützt.

Stellen Sie in ArcMap als Projektion ein: **Predefined > Projected Coordinate Systems > UTM > WGS 1984 > WGS 1984 UTM Zone 33N > Übernehmen.** Wie Sie an den Parametern sehen, handelt es sich hierbei um eine

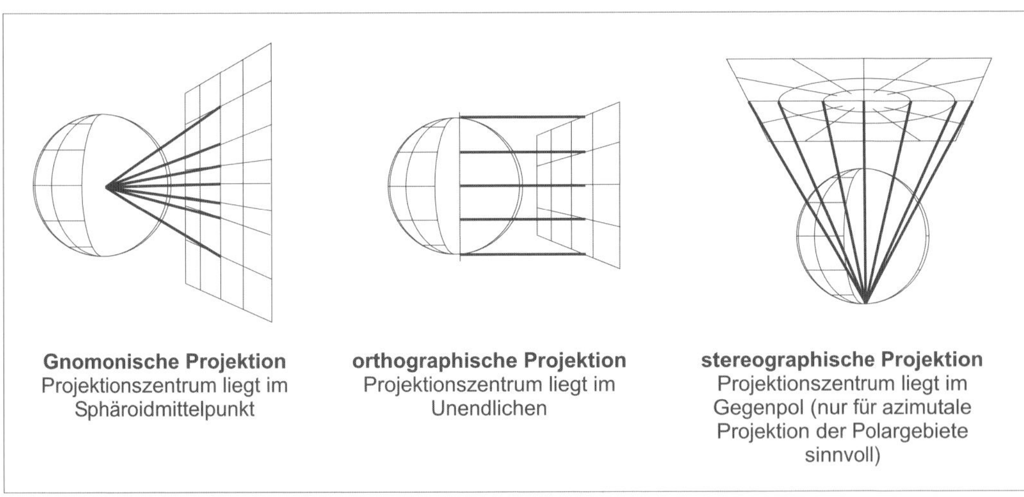


Abbildung 12-4: Lage des Projektionszentrums

transverse Mercatorprojektion (transverser Zylinder). Der Zentralmeridian, also der Meridian, an dem der Zylinder ausgerichtet ist, liegt bei 15° E. In dieser Projektion ist der Zentralmeridian verzerrungsfrei abgebildet, mit zunehmender Entfernung werden die Verzerrungen stärker.

Lage des Projektionszentrums

Neben der Form der Abbildungsfläche und ihrer Ausrichtung bestimmt auch die Lage des Projektionszentrums die Abbildung. Hier unterscheiden wir gnomonische, orthographische und stereographische Projektionen (Abb. 12-4).

In ArcGIS sind die gebräuchlichsten Projektionen mit Projektionskörper, Ausrichtung und Lage des Zentrums vordefiniert **(Projected Coordinate Systems).** Hierbei sind für uns drei Kategorien relevant:

**World** beinhaltet für Weltkarten geeignete Systeme. Sie sind i. d. R. nach den Personen, die sie entwickelt haben, benannt (z. B. *Robinson*).

**Continental** beinhaltet für kontinentale Abbildungen geeignete Systeme. Diese sind i. d. R. nach Regionen, Personen, Verzerrungseigenschaften und Abbildungsflächen benannt (z. B. *Europe Albers Equal Area Conic*).

**National Grids** beinhaltet die Systeme der amtlichen Kartographie verschiedener Staaten (u. a. das in Deutschland vor der Einführung von UTM verwendete Gauß-Krüger, hier als *Germany Zone* … bezeichnet).

Das Verzerrungsproblem

Wie wir gesehen haben, können Sie die Verzerrungen der Karte gegenüber der Realität beeinflussen, indem Sie vor allem Form und Ausrichtung der Abbildungsfläche verändern. Grundsätzlich sind Verzerrungen jedoch unvermeidbar. Diese können Flächeninhalte, Distanzen und/oder Richtungen betreffen, daher unterscheidet man:

- Flächentreue Projektionen *(equal-area):* Das Flächenverhältnis zweier Flächen in der Karte ist gleich dem Flächenverhältnis in der Realität.
- Längentreue Projektionen (äquidistant, *equal-distance*): Das Längenverhältnis zweier Strecken in der Karte ist gleich dem Längenverhältnis in der Realität. Längentreue in alle Richtungen wird von keiner Kartenabbildung erreicht.
- Winkeltreue Projektionen (konform, *conformal*): Leicht zu erkennen an den zueinander senkrecht stehenden Breitenkreisen und Meridianen, u. a. für Navigationskarten.

Eine Projektion kann niemals alle drei Eigenschaften besitzen. Allerdings ist eine Annäherung möglich, so können wir z. B. die Transvers-Mercator-Projektion in einem schmalen Streifen entlang des Zentralmeridians als hinreichend längen-, winkel- und flächentreu betrachten.

Auswahl einer geeigneten Projektion

Welche Projektion sollten Sie nun für Ihre Karten verwenden? Wenn Sie anhand einer Karte Strecken, Winkel oder Flächen bestimmen müssen (z. B. Navigation, Vermessung), ist äußerst wichtig, dass Sie eine der Karte entsprechende längen-, winkel- oder flächentreue Projektion verwenden. In der thematischen Kartographie steht hingegen bei der Wahl der Projektion im Vordergrund, dass Sie dem Leser Ihrer Karte eine vertraute und nachvollziehbare Darstellung bieten.

Für kleinmaßstäbige Karten (v. a. Weltkarten) verwendet man meist flächentreue oder sog. vermittelnde Projektionen, die keine der drei Forderungen völlig erfüllen, aber optisch ansprechend wirken, z. B. die Robinson-, Eckert- oder Winkel-Projektion.

Für kontinentale Karten sollten Sie i. d. R. eine flächentreue Kegelprojektion verwenden, z. B. Albers Equal Area.

Für kleine Raumausschnitte verwenden Sie am besten das amtliche System des jeweiligen Staates, z. B. für Deutschland das UTM-System. Die amtlichen Systeme sind darauf ausgelegt, Verzerrungen in der jeweiligen Region gering zu halten.

## 12.2 Zweidimensionale Koordinatensysteme

Prinzip

In Kapitel 11 (geographische Koordinatensysteme) hatten wir die Lage auf dem Sphäroid anhand von Winkelkoordinaten identifiziert. Für das Ablesen von Strecken und Flächen in großmaßstäbigen Karten, z. B. den amtlichen TK, ist das geographische Gradnetz jedoch wenig geeignet. Da aber Karten zumindest in bestimmten Regionen annähernd verzerrungsfrei sind, können wir stattdessen ein kartesisches Koordinatensystem über die Karte legen (Abb. 12-5) und in diesem Strecken und Flächen messen.

Parameter

Hierfür müssen wir bestimmen:

- Einen Referenzpunkt R für die Koordinatenmessung,
- Ost- und Nordwert des Referenzpunktes,
- Die Maßeinheit zur Angabe von Koordinaten, z. B. Meter oder Kilometer

Damit besitzt jeder Punkt im Koordinatensystem einen Ostwert (X) und einen Nordwert (Y) und ist durch (X;Y) eindeutig bestimmt.

Kartesische Koordinatensysteme in der Kartenebene bezeichnet ArcGIS als *projizierte Koordinatensysteme*. Diese Bezeichnung ist etwas irreführend: Nicht das Koordinatensystem wird projiziert, sondern die Sphäroidoberfläche, erst nach der Projektion wird auf die Abbildung ein Koordinatensystem aufgelegt.

Stellen Sie in ArcMap für eine Weltkarte **Projected Coordinate Systems > World > Aitoff (world)** ein. Für das Koordinatensystem auf dieser Abbildung gilt:

- Als Referenzpunkt R wird der Schnittpunkt von Äquator und Nullmeridian festgelegt.
- Als Koordinaten von R wird (0;0) festgelegt.
- Als Maßeinheit wird ein Meter festgelegt.

Für dieses Koordinatensystem wird in ArcMap kein Raster angezeigt, wenn Sie aber die Maus über die Karte bewegen, können Sie rechts unten die Koordinaten verfolgen. Mit dem Button **Measure** können Sie Strecken messen.

Die Parameter des Koordinatensystems sind willkürlich festgelegt, Sie können diese zum Teil modifizieren **(View > Data Frame Properties > Coordinate System > World_Aitoff > Modify):**

- Die Lage des Referenzpunktes R am Schnittpunkt von Äquator und Zentralmeridian können Sie nicht verändern. Sie können jedoch dem Referenzpunkt mit den beiden folgenden Einstellungen andere Koordinaten als (0;0) zuweisen.

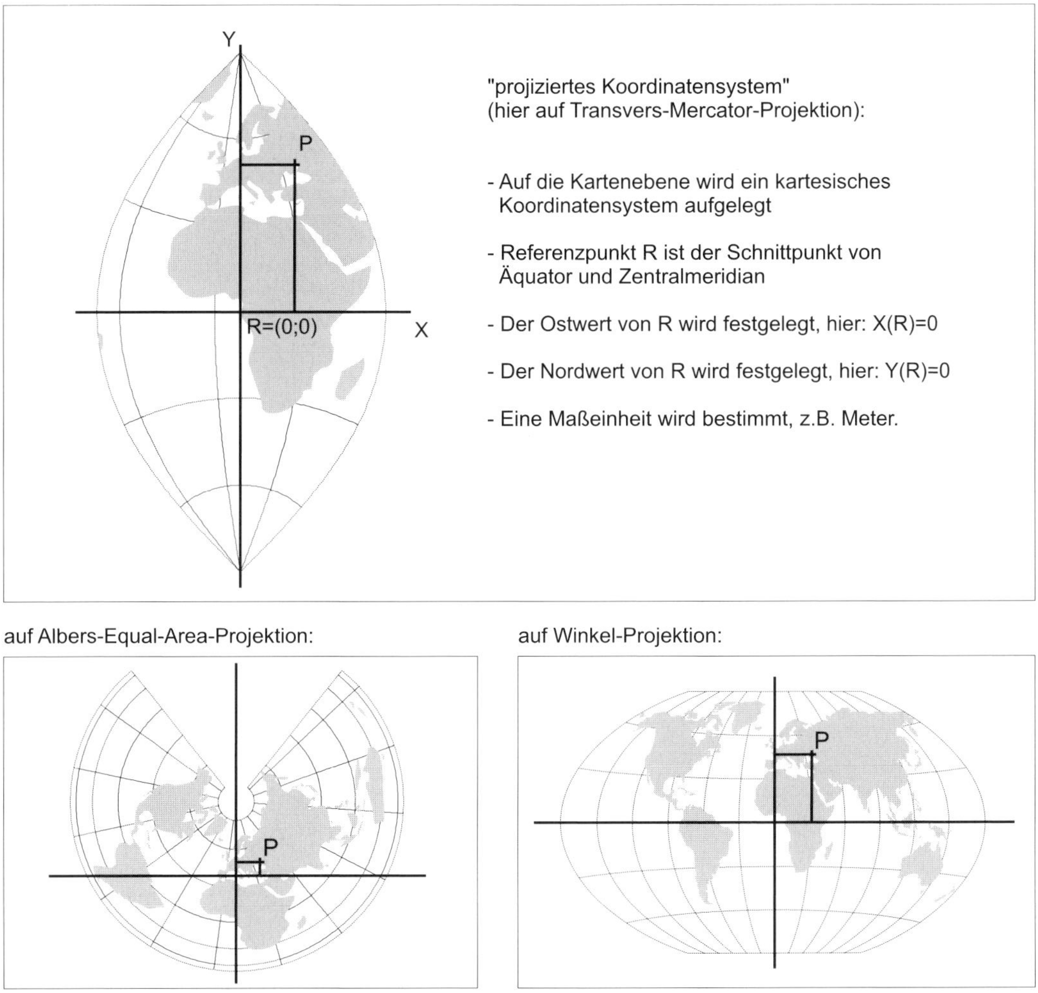


Abbildung 12-5: Koordinaten in projizierten Koordinatensystemen

- False_Easting: Ostwert von R, stellen Sie diesen Wert z. B. auf 20 000 000 (20 Mio.)
- False_Northing: Nordwert von R, hier 0
- Linear Unit: Maßeinheit, hier Meter

Damit haben Sie dem Referenzpunkt R die Koordinate (20 000 000;0) zugewiesen, bzw. den Ursprung (0;0) des Koordinatensystems 20 Mio. m nach links verschoben. Dies wird häufig gemacht, um negative Ostwerte zu vermeiden.

In Abbildung 12-5 sehen Sie auch, dass die projektionsbedingten Verzerrungen der Karteninhalte vom Koordinatensystem nicht berücksichtigt werden: Im Zentrum der Abbildung gemessene Strecken entsprechen der Realität, je weiter Sie an den Rändern der Abbildung messen, desto stärker weicht die gemessene Strecke von der realen Strecke ab. Daher ist ein projiziertes Koordinatensystem nur in den verzerrungsfreien Regionen sinnvoll einsetzbar. Welche Bereiche von der Verzerrung betroffen sind, hängt von der Projektion ab.

> Die Koordinaten in „Projizierten Koordinatensystemen" sind kartesische Koordinaten. Sie dienen zur Bestimmung von Strecken und Flächen in metrischen Einheiten. Sie geben nur in bestimmten Regionen der Abbildungen die wahren Verhältnisse wieder.

Beachten Sie in ArcMap: Sobald Sie für einen Data Frame ein **Projected Coordinate System** einstellen, wird eine Projektion durchgeführt und auf die Projektion ein kartesisches Koordinatensystem gelegt, auch wenn ein solches Koordinatensystem z. B. bei Weltkarten nicht sinnvoll ist. Eine Projektion ohne kartesisches Koordinatensystem ist in ArcGIS nicht vorgesehen.

Im Prinzip können Sie jede beliebige Kombination aus Projektion und kartesischem Koordinatensystem erstellen. In der Praxis haben sich jedoch bestimmte Kombinationen als Standard durchgesetzt, z. B. das UTM-System (= Transvers-Mercator-Projektion + UTM-Koordinaten) oder das bislang in Deutschland eingesetzte Gauß-Krüger-System (= Transverse Mercator-Projektion + Gauß-Krüger-Koordinaten).

## 12.3 Das UTM-System der amtlichen TK

Die weltweit am weitesten verbreitete Kombination aus Projektion und Koordinatensystem für groß- und mittelmaßstäbige Karten ist das UTM-System (Universal Transverse Mercator).

Projektion

Als Projektion wird eine transverse Mercatorprojektion verwendet. Die Projektionsfläche ist also ein Zylinder (Mercatorprojektion), dessen Achse in der Äquatorebene liegt (transvers). Die Transvers-Mercator-Projektion eignet sich für topographische Karten besonders gut, da sie in großen Maßstäben entlang des Zentralmeridians relativ verzerrungsfrei ist.

Der Durchmesser des Zylinders beträgt bei UTM das 0,9996-fache des Sphäroiddurchmessers, es handelt sich also um einen Schnittzylinder. Der Zentralmeridian wird verzerrungsfrei abgebildet, je weiter man sich von diesem entfernt, desto größer werden die Verzerrungen. Daher wird der Zylinder bei 3° östlich und westlich des Meridians „abgeschnitten", es entsteht eine 6° breite so genannte UTM-Zone. Für außerhalb dieses Bereichs liegende Gebiete werden weitere Zylinder an anderen Meridianen angelegt.

Im UTM-System sind die Zonen durchnummeriert, die UTM-Zone 1 erstreckt sich von 180° W bis 174° W (der Zentralmeridian liegt also bei 177° W), Zone 2 von 174° W bis 168° W (Zentralmeridian 171° W), etc. Insgesamt wird die Sphäroidoberfläche also in 60 UTM-Zonen geteilt und auch auf 60 einzelne Karten abgebildet. Damit ist jeder Punkt der Sphäroidoberfläche in zumindest einer Zone hinreichend verzerrungsfrei wiedergegeben. Da die Nummerierung der Zonen bei 180° W beginnt, liegt der Nullmeridian (0°) an der Grenze von der 30. zur 31. UTM-Zone. Deutschland erstreckt sich etwa von 5,5° E bis 15,5° E, ist also in den UTM-Zonen 32 und 33 (Zentralmeridiane 9° und 15°) gut abzubilden.

Koordinatennetz

Nach der Projektion der Zonen wird auf jede der 60 Karten ein eigenes kartesisches Koordinatensystem gelegt. Dieses hat folgende Eigenschaften:

- Als Referenzpunkt des Koordinatensystems wird der Schnittpunkt von Äquator und Zentralmeridian verwendet.
- Ost- und Nordwert des Referenzpunktes ist (500 000;0).
- Die Maßeinheit ist ein Meter.

Ost- und Nordwert eines Punktes geben dessen Abstand vom Zentralmeridian und Äquator in Metern an, wobei der Zentralmeridian selbst willkürlich den Ostwert 500 000 erhält, dies dient dazu, negative Ostwerte zu vermeiden und wird als *False Easting* bezeichnet. So besagt z. B. der Ostwert 630 000, dass wir uns 130 000 m östlich des Zentralmeridians befinden.

Beispiel: Ein Punkt P in Hannover liegt an der geographischen Koordinate (9°48′9″E ; 52°22′58″N).

- Die UTM-Koordinate von P in Zone 32 (also bezogen auf den 9. Längengrad) lautet (UTM 32; 554620; 5803916)
- Die UTM-Koordinate von P in Zone 33 (also bezogen auf den 15. Längengrad) lautet (UTM 33; 146363; 5816333)[14]

UTM-Parameter in ArcGIS

In ArcGIS können Sie die Parameter aller vordefinierten Koordinatensysteme nachsehen und ggf. an eigene Bedürfnisse anpassen (in ArcMap: **View > Data Frame Properties > Coordinate System** oder im ArcCatalog-Baum unter **Coordinate Systems**). So können Sie z. B. für ein UTM-System folgende Parameter einstellen:

- **WGS_1984_UTM_Zone_...:** Name des Koordinatensystems, vorangestellt ist der Name des verwendeten Sphäroids
- **Projection:** Transverse Mercator
- **False Easting:** Ostwert des Zentralmeridians
- **False Northing:** Nordwert des Bezugsbreitenkreises
- **Central Meridian:** Zentralmeridian der Projektion
- **Scale factor** (k): Verhältnis des Zylinderradius zum großen Sphäroidradius; bei k = 1 handelt es sich um einen Berührzylinder, bei k < 1 um einen Schnittzylinder
- **Latitude of Origin:** Bezugsbreitenkreis, von dem aus Nordwerte gemessen werden, z. B. 0° N (= Äquator)

Die deutschen Vermessungsbehörden stellen seit einigen Jahren ihre Daten und Karten um: Bislang wurde in Deutschland weitgehend das Gauß-Krüger-System verwendet (Transvers-Mercator-Projektion + Gauß-Krüger-Koor-

14 Der unterschiedliche Nordwert in den UTM-Zonen kommt dadurch zustande, dass der Punkt in Zone 32 nahe am Zentralmeridian liegt, in Zone 33 hingegen weit davon entfernt, damit ist die Strecke P–Äquator im zweiten Fall durch die Projektion stärker gestreckt.

dinaten), basierend auf dem Potsdam-Datum/Bessel-Ellipsoid. Künftig soll EU-weit das UTM-System verwendet werden, basierend auf einem ETRS-1989-Datum/GRS-80-Ellipsoid (vgl. Tab. 12-1). Auch in vielen anderen Staaten wird bereits UTM verwendet, meist ebenfalls auf einem lokal angepassten Sphäroid, z. B. in den USA auf dem NAD-1927-Datum. Für Daten im globalen Maßstab wird UTM meist auf einem WGS-1984-Datum angewendet.

| | UTM | Gauß-Krüger |
|---|---|---|
| Verwendung | Künftig Europaweit | Nur in Deutschland |
| Central Meridian | Alle 6° ⇒ weltweit 60 Zonen<br>Zone 1 bei 177° w. L.,<br>Zone 2 bei 171° w. L.,<br>Zone 3 bei 165° w. L.,<br>etc. | Alle 3°<br>Zone 1 bei 3° ö. L.,<br>Zone 2 bei 6° ö. L.,<br>Zone 3 bei 9° ö. L.,<br>etc. |
| Scale Factor | 0,9996 | 1 |
| Latitude of Origin | 0° (Äquator) | 0° (Äquator) |
| False Easting | 500 000 | 500 000 |
| False Northing | 0 auf der Nordhalbkugel, 10 Mio. auf der Südhalbkugel | 0 |
| Unit | ein Meter | ein Meter |
| Geographic Coordinate System | In der EU: ETRS-89-Datum mit GRS-80-Sphäroid | In Deutschland meist Potsdam-Datum mit Bessel-Ellipsoid |
| Deutschland liegt in ... | UTM-Zonen 32-33 | GK-Zonen 3-5 |

Tabelle 12-1: UTM- und Gauß-Krüger-System

Zusammenfassung

Ein projiziertes Koordinatensystem besteht aus zwei Komponenten:

- Einer Projektion, die wiederum durch Form und Lage des Projektionskörpers sowie weitere Angaben definiert ist. Die Projektion dient dazu, die dreidimensionale Oberfläche des Sphäroids auf eine zweidimensionale Fläche abzubilden. Je nach dem darzustellenden Ausschnitt der Sphäroidoberfläche sind nur bestimmte Projektionen sinnvoll.
- Einem kartesischen Koordinatensystem, welches auf die Kartenebene gelegt wird. Dieses ist definiert durch die Lage des Ursprungs und eine Maßeinheit.

# 13 Visualisieren mit ArcMap

Im Programmpaket ArcGIS dient die Komponente ArcMap zur Visualisierung von Geodaten und zur Erstellung von Kartenblättern.

In den Übungsdaten zu diesem Kapitel finden Sie die Datenbank **Projekt_Uni_Umfeld_2.mdb.** Diese beinhaltet alle bisher erfassten Daten. Verwenden Sie diese Datenbank für das weitere Vorgehen.

Starten Sie ArcMap und wählen Sie im Startdialog **A new empty map.** Dies ist mit einer Textverarbeitung vergleichbar, bei der mit dem Starten der Software ein noch leeres Blatt erstellt wird. Die Option **A new empty map** ist die Standardeinstellung, Sie können diese für die Zukunft auch deaktivieren.

## 13.1 Grundlegende Funktionen

Das ArcMap-Fenster teilt sich in zwei Bereiche: Rechts sehen Sie den *Data Frame,* in dem Geodaten graphisch angezeigt werden. Der linke Bereich *(Table of Contents)* dient zur Verwaltung der Daten.

Daten anzeigen

Fügen Sie nun Geodaten hinzu **(File > Add Data).** Das erscheinende **Add Data-**Fenster zeigt die verfügbaren Datenquellen an, entsprechend den Einstellungen in ArcCatalog. Falls Sie ein Laufwerk noch nicht als Datenquelle eingestellt haben, können Sie dies mit dem Button **Connect Folder** nachholen. Dies entspricht der gleichnamigen Funktion von ArcCatalog.

Navigieren Sie zur Datenbank **Projekt_Uni_Umfeld_2,** öffnen Sie diese mit Doppelklick und wählen Sie die Feature Class **Standorte.** Mit **Add** fügen Sie diese Daten zur ArcMap-Ansicht hinzu. Sie sehen im Data Frame die Geodaten räumlich dargestellt, in der Table of Contents wird ein entsprechender Eintrag angelegt. Die Table of Contents listet alle in der aktuellen Karte verwendeten Daten auf.

Sie können mehrere thematische Ebenen *(Layer)* in eine ArcMap-Datei laden: Fügen Sie (wieder mit **File > Add Data**) aus der Datenbank **Projekt_Uni_Umfeld_2.mdb** die Feature Classes **Baubloecke** und **Untersuchungsgebiet** hinzu. Alle Objekte werden anhand ihrer Koordinaten lagerichtig positioniert. Beim Hinzufügen von Daten zu einer Karte ist es nicht notwendig, dass alle Daten aus derselben Datenbank stammen, es sind alle Datenquellen möglich, die Sie mit ArcCatalog verwalten können (Geodatenbanken, Shape Files, gescannte Karten, Satellitenbilder, etc.).

In der Table of Contents sehen Sie nun die einzelnen Layer, jeder entspricht einer Feature Class. Über das Kontextmenü jedes Layers können Sie diesen wieder aus der Karte entfernen, dabei wird er nur aus der aktuellen Karte entfernt, nicht aus der Datenbank.

Neben den gerade hinzugefügten Geodaten können Sie in ArcMap auch nicht-räumliche Daten verwenden (Sachdaten). Diese fügen Sie ebenfalls mit **File > Add Data** hinzu, wählen Sie aus der Datenbank **Projekt_**

**Uni_Umfeld_2.mdb** die Tabelle **Objektattribute.** Sie sehen in der Table of Contents einen entsprechenden Eintrag. Fügen Sie auch die Tabelle **Branchen** hinzu.

Speichern von ArcMap-Dokumenten

Speichern Sie die aktuelle Ansicht: Wählen Sie **File > Save,** navigieren Sie zu Ihrem Kartographie-Verzeichnis und geben Sie einen Namen für die Datei ein, z. B. **Projekt_Uni_Umfeld_Uebersicht.** Die Datei wird auf der Festplatte mit der Endung **mxd** (ArcMap Document) gespeichert. Eine **mxd**-Datei speichert nur,

- welche Objekte in der Karte verwendet werden (z. B. die Feature Class **M:\Kartographie\Kap_13\Projekt_Uni_Umfeld_2\Standorte**) und
- wie diese visualisiert werden (z. B. mit blauen Quadrat-Signaturen, in einem bestimmten Raumausschnitt, etc.).

Die Daten der Feature Class selbst bleiben weiterhin nur in der Datenbank gespeichert. Die ArcMap-Datei enthält lediglich einen Verweis auf die Daten, bei jedem Öffnen der ArcMap-Datei werden die Daten aus der Datenbank gelesen. Dieses Verweis-Prinzip hat zwei wesentliche Vorteile:

- Mit einer einzigen Datenbank können Sie verschiedene Karten produzieren.
- Wenn Sie die Daten in der Datenbank verändern, ändern sich automatisch alle ArcMap-Karten, die diese Daten verwenden.

Nachteile des Verweis-Prinzips sind:

- Wenn Sie die Daten in der Datenbank verändern, ändern sich automatisch alle ArcMap-Karten, die diese Daten verwenden.
- Da die ArcMap-Datei nur Verweise auf die Daten enthält, ist sie ohne die Datenbank nutzlos. Wenn Sie also die **mxd**-Datei an jemanden weitergeben, müssen Sie auch die Datenbank mit den verwendeten Daten weitergeben.
- In der **mxd**-Datei werden die Verweise als absolute Pfade gespeichert (z. B. **M:\Kartographie\Kap_13\Projekt_Uni_Umfeld\Standorte**). Wenn Sie die Datenbank verschieben oder umbenennen, müssen Sie in der ArcMap-Datei die Pfade neu einstellen. In ArcMap kann jedoch auch die Verwendung relativer Pfade eingestellt werden **(File > Map Properties > Data Source Options).**
- Wenn Sie die Tabellenstruktur in der Datenbank ändern, müssen Sie das ArcMap-Dokument ebenfalls entsprechend anpassen.

Verschiedene Ansichten

Mit **View > Layout View** lassen Sie die Karte im Layout-Modus anzeigen. Dies ist notwendig, wenn Sie ein druckfertiges Kartenblatt mit Kartenfeld *(Data Frame),* Legende, Titel, etc. erstellen wollen. Mit **View > Data View** sehen Sie nur das Kartenfeld *(den Data Frame).* Alle Arbeiten, die das Kartenfeld betreffen, sollten Sie im **Data View** durchführen, die Gestaltung des Kartenblattes im **Layout View.**

Auch die Table of Contents besitzt mehrere Ansichts-Varianten, zwischen diesen schalten Sie links unten um **(Display, Source, Selection).** Die **Display**-Ansicht entspricht der Legende auf dem Kartenblatt, die **Source**-Ansicht zeigt, welche Daten verwendet werden. In der **Selection**-Ansicht können Sie bestimmen, in welchen Layern Objekte selektiert werden können.

Die vielfältigen Funktionen von ArcGIS benötigen verschiedene Werkzeuge, die entsprechenden Symbolleisten blenden Sie je nach Bedarf mit **View > Toolbars >** ... ein und aus.

Layers

Ein Eintrag räumlicher Daten in der Table of Contents (z. B. **Standorte**) heißt *Layer.* Sie können einen Layer auch als Tabelle anzeigen, indem Sie mit der rechten Maustaste auf den Namen klicken und im Kontextmenü **Open Attribute Table** wählen.

Die Layer können Sie sich als transparente Folien vorstellen, auf denen jeweils eine Thematik eingezeichnet ist. Um die Reihenfolge der Layer zu verändern, wechseln Sie in der Table of Contents in die **Display-**Ansicht und ziehen Sie einen Layer mit der Maus nach oben oder unten.

Wenn Sie einen Layer gerade nicht benötigen, können Sie ihn mit dem Häkchen vor dem Namen ausblenden. Benötigen Sie ihn dauerhaft nicht mehr, wählen Sie in seinem Kontextmenü **Remove.** Damit wird er aus der Karte entfernt, in der Datenbank bleibt die entsprechende Feature-Class-Tabelle erhalten.

Ebenfalls im Kontextmenü des Layers können Sie dessen Eigenschaften **(Properties)** aufrufen, hier bestimmen Sie u. a. das Erscheinungsbild des Layers. Rufen Sie z. B. **Standorte > Properties** auf. Die wesentlichen Eigenschaften sind:

- **General:** Hier können Sie einen aussagekräftigen Namen für den Layer vergeben. Dieser Name darf Leer- und Sonderzeichen beinhalten, z. B. Standorte von Einzelhandelsbetrieben. Der Name des Layers ist unabhängig vom Namen der Tabelle und gilt nur für diese Karte.
- **Symbolgy:** Hier stellen Sie die Signaturen ein, mit denen die Objekte des Layers dargestellt werden.
- **Fields:** Hier sehen Sie, welche Felder die entsprechende Tabelle enthält. Sie können Felder ein- und ausblenden **(Visible)** und jedem Feld einen Alias-Namen geben, der nur für diese Karte gilt.
- **Definition Query:** Ein Layer kann alle Objekte einer Feature Class beinhalten, dies muss aber nicht der Fall sein. Sie können z. B. bestimmen, dass der Layer nur aus denjenigen Standorten bestehen soll, deren ErfassungsID mit der Ziffer 1 beginnt. Hierzu würden Sie als Definition Query eingeben: **[ErfassungsID] LIKE ‚1*'** Hierbei handelt es sich um einen Befehl in der Datenbanksprache SQL. Der **Query Builder** hilft Ihnen, solche Befehle aufzubauen[15].
- **Labels:** Hier können Sie angeben, dass alle Objekte automatisch mit einem Wert aus der Tabelle beschriftet werden. Stellen Sie unter **Label Field** das hierfür zu verwendende Feld der Tabelle ein.

Data Frames

Ein *Data Frame* stellt einen Raumausschnitt dar, im gedruckten Kartenblatt bildet er das Kartenfeld. Die wesentlichen Funktionen für den Data Frame sind in der Symbolleiste **Tools** enthalten (falls sie nicht angezeigt wird, blenden Sie diese mit **View > Toolbars > Tools** ein).

15 In unserem Fall ist ErfassungsID als Text definiert, daher ist der SQL-Operator LIKE erforderlich.

- **Zoom In/Zoom Out:** Wählen Sie den entsprechenden Button und ziehen Sie ein Rechteck über den Bereich, den Sie vergrößern bzw. verkleinern wollen.
- **Fixed Zoom In/Fixed Zoom Out:** vergrößert bzw. verkleinert die Darstellung um den Faktor 1,25.
- **Pan:** verschiebt den Ausschnitt. Schieben Sie hiermit den Data Frame in die gewünschte Richtung.
- **Full Extent:** stellt den Ausschnitt so ein, dass alle Objekte sichtbar sind.
- **Go Back To Previous Extent/Go To Next Extent:** zum vorherigen bzw. nächsten Ausschnitt (vergleichbar Zurück/Vorwärts im Webbrowser).

Die anderen Tools dienen dazu, Informationen aufzurufen:

- Mit dem weißen **Select-Features-**Pfeil können Sie Objekte auswählen. Selektierte Objekte werden sowohl im Data Frame wie auch in der Tabelle farblich hervorgehoben. Mit dem Menü **Selection > Clear Selected Features** heben Sie die Auswahl auf.
- Falls Sie außer den Geo-Objekten weitere Elemente im Data Frame haben (Texte, Bilder), können Sie diese mit dem schwarzen **Select-Elements-**Pfeil auswählen und bearbeiten.
- Um die Attribute eines Features anzuzeigen, klicken Sie es mit der **Identify-**Funktion an.
- Die **Find-**Funktion sucht in den Attributen nach bestimmten Werten.
- Die **Measure-**Funktion erlaubt Ihnen, Strecken zu messen.
- Die **Hyperlink-**Funktion öffnet externe Dateien (Word-Dateien, Bilder, Internet-Seiten, etc.), sofern dies entsprechend konfiguriert ist.

Jeder Data Frame stellt einen bestimmten Raumausschnitt dar, wollen Sie aber auf einem Kartenblatt mehrere verschiedene Raumausschnitte darstellen (z. B. für zeitlichen oder regionalen Vergleich, Orientierungskarte, Detailkarte), benötigen Sie entsprechend viele Data Frames. Mit **Insert > Data Frame** fügen Sie einen Data Frame hinzu. Um zwischen den, Data Frames hin- und herzuschalten, wählen Sie das Kontextmenü eines Data Frames und dort **Activate.**

Schalten Sie in **View > Layout View.** Dort sehen Sie jeden Data Frame als ein Kartenfeld. Mit **View > Data Frame Properties** stellen Sie das Erscheinungsbild des aktiven Data Frames ein:

- **General:** Hier können Sie einen frei wählbaren Namen für den Data Frame eintragen, z. B. „Umfeld der Universität", und optional eine Beschreibung.
- **Coordinate System:** Stellen Sie das Koordinatensystem ein, in dem die Karte dargestellt werden soll. Dies kann ein anderes sein als das System, in dem die Koordinaten der Objekte in der Datenbank gespeichert sind. So können die Objektkoordinaten z. B. in geographischen Gradkoordinaten gespeichert sein, aber im Data Frame in einem UTM-System angezeigt werden. ArcMap rechnet in diesem Fall die Koordinaten automatisch um. Da es sich bei einem Kartenblatt immer um eine projizierte Abbildung handelt, sind hier nur **Projected Coordinate Systems** sinnvoll. Für kleinmaßstäbige Karten (v. a. Weltkarten) verwendet man meist flächentreue oder sog. vermittelnde Projektionen, die optisch ansprechend wirken,

z. B. die Robinson-Projektion. Für Europakarten können Sie i. d. R. Albers Equal Area verwenden. Für Deutschlandkarten oder noch kleinere Räume sollte UTM verwendet werden, bzw. außerhalb Deutschlands das amtliche System des betreffenden Raumes. Wenn Sie kein Koordinatensystem einstellen, verwendet ArcMap das Koordinatensystem des ersten Layers für den gesamten Data Frame.

- **Data Frame:** Hier stellen Sie ein, welchen Raumausschnitt der Data Frame darstellt. Die Voreinstellung ist **Automatic,** damit können Sie den Ausschnitt dynamisch anpassen. Sie können aber auch einen festen Maßstab einstellen oder bestimmte Eckkoordinaten angeben.
- **Size and Position:** Hier können Sie angeben, wo der Data Frame auf dem Kartenblatt positioniert wird. Die optische Mitte des Data Frames sollte etwas oberhalb der Mitte des Blattes liegen.
- **Frame:** Stellen Sie hier ein, ob das Kartenfeld mit einem Rahmen und ggf. einer Hintergrundfarbe dargestellt wird. Für thematische Karten ist ein Rahmen um das Kartenfeld meist nicht notwendig.

Die genannten Eigenschaften des Data Frames können Sie entweder im Layout View oder im Data View einstellen.

Tabellen

Jede Feature Class und jeder Layer lässt sich auch als Tabelle begreifen und entsprechend tabellarisch anzeigen: Wählen Sie beim Layer **Standorte von Einzelhandelsbetrieben** im Kontextmenü **Open Attribute Table.** In der Tabelle können Sie Datensätze auswählen (Klick auf den grauen Bereich links neben dem Datensatz). Gleichzeitig wird auch im Data Frame das ausgewählte Objekt markiert. Dies entspricht der graphischen Selektion mit dem **Select-Features-**Pfeil. Um die Auswahl aufzuheben, wählen Sie **Selection > Clear Selected Features.**

Join

Sie hatten auch die Tabelle **Objektattribute** in die Karte geladen. Diese sehen Sie in der Table of Contents (nur in der **Source-**Ansicht). Öffnen Sie diese Tabelle **(Kontextmenü > Open).**

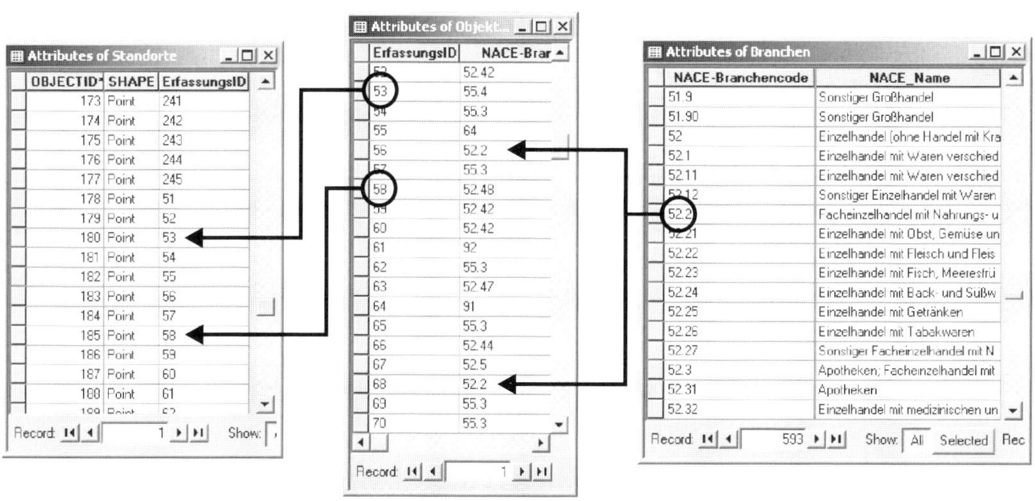


Abbildung 13-1: Tabellenverbindungen im Beispielprojekt

Nun sind zwei Tabellen geöffnet, die erste enthält die Geo-Objekte (Features), die zweite die zugehörigen NACE-Branchencodes. Beide enthalten die **ErfassungsID** als gemeinsamen Schlüssel. Diese Tabellen können Sie nun verbinden und die darin enthaltene Information zusammenführen (siehe S. 109).

Rufen Sie zu **Standorte von Einzelhandelsbetrieben** die **Properties** auf. In **Joins & Relates** sehen Sie die beiden Kategorien **Joins** und **Relates.** Dies sind zwei verschiedene Verfahren zum Verknüpfen von Tabellen. Wir verwenden im folgenden das **Join-**Verfahren. Wählen Sie **Add...,** damit geben Sie an, dass an **Standorte von Einzelhandelsbetrieben** andere Daten angebunden werden sollen (vgl. Abb. 13-1).

- Unter **1. Choose the field in this Layer** ... wählen Sie aus, welches Feld den gemeinsamen Schlüssel enthält. Dies ist im vorliegenden Fall die **ErfassungsID.**
- Unter **2. Choose the table to join** ... wählen Sie aus, welche Tabelle Sie anbinden wollen, hier die Tabelle **Objektattribute.**
- Unter **3. Choose the field in the table** ... wählen Sie aus, welches Feld in der anzubindenden Tabelle den gemeinsamen Schlüssel enthält. Dieses Feld heißt im Beispiel ebenfalls **ErfassungsID.**

Betätigen Sie mit **OK,** Sie sehen an dem Eintrag, dass die Tabelle **Objektattribute** angebunden ist und können auch die **Properties** schließen.

Öffnen Sie die **Standorte-**Tabelle. Diese enthält nach dem **Join** zusätzlich die Daten aus der Tabelle **Objektattribute,** diese wurden anhand der **ErfassungsID** den entsprechenden Standorten zugeordnet. Nun können Sie die Objekte im Data Frame z. B. mit dem NACE-Code beschriften **(Labels)** oder je nach NACE-Code mit bestimmten Signaturen darstellen.

Für jeden Datensatz in einer der beiden Tabellen existiert ein entsprechender Datensatz in der anderen Tabelle, daher sprechen wir von einer 1 : 1- (Eins-zu-Eins-)Verbindung zwischen **Objektattribute** und **Standorte.**

Beachten Sie auch, dass in der Datenbank nach wie vor die beiden ursprünglichen Tabellen existieren, diese werden durch ein **Join** nur temporär in der ArcMap-Ansicht zusammengeführt.

Erstellen Sie einen weiteren **Join:** Fügen Sie die Daten aus der Tabelle **Branchen** an. Der gemeinsame Schlüssel ist hierfür der NACE-Branchencode. In **Branchen** ist jeder NACE-Code (z. B. 52.6) nur einmal vorhanden. Beim **Join** wird er mehreren Standorten zugeordnet. In diesem Fall sprechen wir von einer 1 : n-Verbindung zwischen **Branchen** und **Standorte.**

Nun sind alle Daten zu den Standort-Objekten in einer (temporären) Tabelle zusammengefasst, diese können Sie z. B. im Data Frame mit der **Identify-**Funktion abfragen. Falls die vielen unnötigen Felder stören **(ObjectID, ErfassungsID),** können Sie diese in **Layer Properties > Fields** ausblenden.

Join versus Relate

ArcMap kennt zwei Methoden, um Tabellen miteinander in Beziehung zu setzen. Bei der gerade vorgestellten **Join-**Methode werden die Attribute einer Tabelle der anderen Tabelle anhand eines gemeinsamen Feldes zugeordnet (1 : 1 oder 1 : n).

Angenommen, Sie erfassen neben den Unternehmensstandorten eine Liste mit Eigentümern. Mit einem **Join** können Sie jeden Eigentümer einem oder mehreren Unternehmen zuordnen (1 : 1 oder 1 : n). Es kann jedoch auch vorkommen, dass mehrere Eigentümer gemeinsam ein Unternehmen besitzen (n:1-Beziehung), dies ist mit einem **Join** nicht nachzubilden. Diese n:1-Konstellationen sind nur als **Relate-**Beziehung zu realisieren.

Die **Relate-**Methode basiert ebenfalls auf einem gemeinsamen Feld, fügt aber die Tabellen nicht zusammen. Wählen Sie in Tabellen, die mit **Relate** verbunden sind, einen Datensatz aus, so werden in der verbundenen Tabelle automatisch alle entsprechenden Datensätze ausgewählt. Mit **Join** verbundene Tabellen können Sie wie eine einzige Attributtabelle verwenden (z.B. automatisch Legenden erstellen), dies ist bei **Relate** nicht der Fall. Damit ist die **Relate-**Funktion für kartographische Zwecke kaum einsetzbar. **Joins** und **Relates** werden in der ArcMap-Datei gespeichert und beim Öffnen der Datei wieder aufgebaut. Damit werden auch Änderungen an den zugrunde liegenden Daten automatisch übernommen.

## 13.2 Signaturen (Symbology)

Die Wahl der richtigen Signaturen für die Darstellung der Daten ist eine der wichtigsten Entscheidungen bei der Erstellung einer thematischen Karte, schließlich hängt hiervon die Aussagekraft der Karte wesentlich ab.

In ArcMap werden alle Signaturen, die Sie einstellen, in der ArcMap-Datei (**mxd-**Datei) gespeichert, während die zugrunde liegenden Daten in der Datenbank lagern. Durch diese Trennung von Daten und Darstellung können Sie eine Feature Class in verschiedenen Karten mit jeweils anderen Signaturen verwenden.

Features

Die Signaturen werden für jeden Layer einzeln eingestellt. Rufen Sie z.B. **Standorte > Properties** auf und darin die Karte **Symbology.** In der Standard-Einstellung werden alle Standort-Objekte gleich dargestellt **(Features > Single Symbol).** Zum Ändern dieser Signatur klicken Sie auf das Symbol, stellen Sie hier z.B. einen Kreis in der Farbe schwarz und mit der Größe 4 pt ein[16].

Ändern Sie die anderen Layer wie folgt:

- „Untersuchungsgebiet": keine Füllung, Umriss 2 pt, Umrissfarbe schwarz
- „Baublöcke": Füllung hellgrau (20%), Umriss 0 pt

Natürlich ist es nicht immer sinnvoll, alle Objekte eines Layers mit einer einzigen Signatur darzustellen. In ArcGIS haben Sie verschiedene weitere Möglichkeiten:

Categories: Darstellung von qualitativen Daten

Beim Zeichnen einer Karte von Hand oder mit Graphiksoftware müssen Sie für jedes einzelne Objekt eine Signatur einzeichnen, in GIS-Software hingegen weisen Sie die Signaturen automatisch anhand der Datenbankinhalte zu: In ArcMap können Sie z.B. angeben, dass alle Objekte mit dem Branchencode 47.1 als roter Kreis dargestellt werden. Die Software identifiziert anhand der Datenbank alle Objekte mit dem Branchencode 47.1 und

16 Die Abkürzung pt steht für Punkt, eine im Grafikdesign übliche Maßeinheit. Ein Punkt entspricht $\frac{1}{72}$ Inches, also ca. 0,4 mm. Auch Schriftgrößen werden i.d.R. in Punkt angegeben.

trägt diese als rote Kreise in die Karte ein. Die Signatur wird also nicht einem bestimmten Einzelobjekt zugewiesen, sondern allen Objekten, die in einer bestimmten Variablen einen bestimmten Wert aufweisen.

Stellen Sie als Signaturen **Categories > Unique Values** ein, als **Value Field** wählen Sie **NACE-Branchennamen.** Mit **Add All Values** weisen Sie ArcGIS an, allen vorkommenden Werten eine Signatur zu vergeben.

Stellen Sie nun als **Value Field** das Feld **Branchen.Level1Code** ein. Damit vergeben Sie die Signaturen nicht nach der Feineinteilung der Branchen, sondern nur entsprechend dem jeweiligen NACE-Abschnitt. Als Ergebnis sehen Sie verschiedene Kategorien (NACE-Abschnite), die alle mit dem gleichen Symbol, aber in verschiedenen Farben dargestellt sind. Sie können das Symbol für eine Kategorie im jeweiligen Kontextmenü ändern. Stellen Sie z. B. ein, dass alle Symbole als farbige Kreise der Größe 6 pt dargestellt werden oder als unterschiedlich geformte Symbole.

Alle Signaturen unter „Categories" dienen der Darstellung von qualitativen (kategorialen) Daten. Existiert zwischen den Kategorien keine Rangfolge (nominales Skalenniveau), z. B. bei Branche oder Flächennutzung, dürfen die Signaturen eine solche auch nicht suggerieren. Verwenden Sie daher für nominale Daten keine Farbübergänge und keine zunehmenden Symbolgrößen, sondern deutlich unterschiedliche Farbtöne bzw. unterschiedliche Symbolformen. Nur wenn die Daten ordinal skaliert sind, also zwischen den Kategorien eine Rangfolge besteht, können Sie auch abgestufte Signaturen verwenden.

Farbe, Form und Größe sind visuelle Variablen der Signatur. Innerhalb eines Layers sollte nur eine davon variieren, also entweder Farbe oder Größe oder Form der Symbole. Es wäre z. B. nicht wünschenswert, NACE-Kategorie G als Kreis und Kategorie H als Quadrat darzustellen und hierfür zusätzlich verschiedene Farben zu verwenden. G- und H-Standorte unterscheiden sich ohnehin in der Form, eine zweite, farbliche Unterscheidung transportiert keine zusätzliche Information (ist redundant) und verkompliziert die Darstellung unnötig.

Nur wenn Sie sehr viele Klassen darstellen müssen, können Sie zwei Variationen vornehmen. Auch dann sollte dies aber einem logischen Schema folgen, z. B. Einzelhandel als Kreise und Gastronomie als Quadrate, wobei Sie innerhalb jeder Kategorie verschiedene Sparten farblich unterscheiden. Für diesen Fall steht in ArcMap die Signaturen-Option **Categories > Unique Values, Many Fields** zur Verfügung.

Sie können auch eine Auswahl an Kategorien anzeigen. Wollen Sie z. B. eine Kategorie entfernen, dann klicken Sie diese an und wählen **Remove.** Um eine Kategorie hinzuzufügen, wählen Sie **Add Values...**. Objekte, die gerade nicht als eigene Kategorie angezeigt werden, sind unter der Kategorie **All Other Values** enthalten, die Sie mit dem entsprechenden Häkchen aus- bzw. einblenden können.

Die Reihenfolge der Kategorien in der Legende verändern Sie, indem Sie eine Kategorie anklicken und sie mit den Pfeilen auf der rechten Seite nach oben oder unten verschieben.

Die Bezeichnungen G-O sind nicht sehr aussagekräftig. Um in der Legende die realen Namen der Kategorien anzuzeigen, könnten Sie die Inhalte der Datenbank entsprechend verändern. Sie können aber auch jeder

Kategorie ein *Label* geben. Klicken Sie z. B. die Kategorie H in der Spalte *Label* an und ändern Sie das Label in **Beherbergungs- und Gaststätten.** Tragen Sie auch die Labels der anderen Kategorien entsprechend ein. Die Labels werden ebenso wie die Signaturen in der ArcMap-Kartendatei gespeichert und gelten nur für diese Karte.

Mit der Option **Categories** hatten Sie qualitative Daten dargestellt. Für quantitative Daten (Daten in einem metrischen Skalenniveau, z. B. Bevölkerungszahl, -dichte) hingegen empfiehlt sich die Darstellung mit der Option **Quantities.**

Quantities: Darstellung von quantitativen Daten

In den Übungsdaten finden Sie die Datenbank **Projekt_Uni_Umfeld_Kennzahlen.mdb.** Diese Datenbank enthält eine Tabelle **Unternehmensdaten** mit (fiktiven) Mitarbeiter- und Umsatzzahlen für alle Standorte. Kopieren Sie diese Tabelle mit ArcCatalog in Ihre aktuelle Projektdatenbank **Projekt_Uni_Umfeld_2.mdb.** Wechseln Sie zu ArcMap, fügen Sie die Tabelle zur Karte hinzu und binden Sie die Tabelle mittels **Join** an die Standorte an.

Nun liegen zu den Standorten quantitative Daten (Mitarbeiter und Umsatz) vor. Rufen Sie **Standorte > Properties > Symbology** auf und wählen Sie als Darstellungsweise **Quantities > Graduated Colors.**

Um zu jedem Standort den Umsatz darzustellen, geben Sie als **Value** das Tabellenfeld **Umsatz2002EUR** an. Bei **Normalization** belassen Sie die Einstellung auf **<None>,** dieses Feld ist nur nötig, wenn Sie den Umsatzwert auf eine andere Variable beziehen wollen, z. B. als Umsatz pro Mitarbeiter. Diese Option ist vor allem hilfreich, um Daten auf die Fläche zu normalisieren (z. B. Einwohner/Fläche).

ArcMap teilt die Werte in mehrere Klassen ein, die entsprechenden Signaturen können nach Farbe differenziert werden **(Graduated Colors)** oder nach Symbolgröße **(Graduated Symbols).** Alternativ ist eine Signatur möglich, bei der sich die Symbolgröße proportional zum dargestellten Wert verhält **(Proportional Symbols).**

Stellen Sie die Darstellung auf **Graduated Colors.** Voreingestellt sind fünf Klassen mit statistisch ermittelten Klassengrenzen. Mit **Classify** passen Sie die Klassifikation an eigene Bedürfnisse an. ArcMap bietet hierbei sechs Methoden zur Klassifikation der Daten:

- **Manual:** Der Benutzer gibt die Klassengrenzen vor, diese können Sie als **Break Values** eintragen.
- **Equal Interval:** Sie geben die Zahl der Klassen vor (z. B. 5), ArcMap teilt den Wertebereich in die vorgegebene Anzahl gleich breiter Klassen auf.
- **Defined Interval:** Sie geben die Breite der Klassen vor (z. B. 500 000), ArcMap bestimmt die nötige Anzahl von Klassen. Jede Klasse ist gleich breit. Dies ist sinnvoll, wenn Sie gleich breite Klassen mit runden Grenzen wünschen, v. a. für Prozentangaben (z. B. Arbeitslosigkeit in 1%-Schritten).
- **Quantile:** Jede Klasse enthält gleich viele Objekte, z. B. werden bei 100 Objekten und 4 Klassen die 25 Objekte mit den niedrigsten Werten in die erste Klasse gefasst etc. Diese Klassifikation ist für linear verteilte Daten gut geeignet.
- **Natural Breaks (Jenks):** ArcMap sucht nach den größten Lücken zwischen den vorkommenden Werten und setzt dort die Klassengrenzen. Diese Klassifikation fasst ähnliche Werte zusammen.

- **Standard Deviation:** ArcMap berechnet den Mittelwert und setzt ausgehend von diesem die Klassengrenzen alle 0,25 bis 1 Standardabweichungen. Dieses Verfahren hebt Abweichungen vom Mittelwert hervor. Daher ist es v. a. sinnvoll, um bei normalverteilten Daten Schwankungen um einen Mittelwert darzustellen, z. B. Regionen mit über-/unterdurchschnittlicher Wirtschaftsleistung. Dieses Verfahren sollten Sie mit einer zweiseitigen Farbskala (z. B. blau für s < 1, rot für s > 1) kombinieren.

  Berechnung der Standardabweichung s:

$$s = \sqrt{\frac{1}{n}\sum_{i=1}^{n}(x_i - \overline{x})^2}$$

Stellen Sie als Klassifikation **Defined Interval** mit einer Intervallbreite von 400 000 ein, schließen Sie das **Classification-**Fenster und vergeben Sie aussagekräftige Labels (z. B. **400–800 Tsd. €**).

Im Prinzip können Sie beliebig viele Klassen verwenden, eine höhere Anzahl von Klassen differenziert immer genauer als eine niedrige. Gleichzeitig erschwert eine hohe Klassenanzahl die Lesbarkeit der Karte. Auch zeichnerisch ist die Anzahl der möglichen Klassen begrenzt, so sind z. B. bei Graustufen maximal sechs Klassen mit bloßem Auge differenzierbar, bei Farbausgabe bis zu zwölf Klassen.

Zwar existiert keine verbindliche Aussage über eine ideale Klassenanzahl, als grobe Faustregeln können Sie jedoch folgende verwenden:

- Maximale Klassenzahl = 5 × log(Zahl der Fälle)
- Optimale Klassenzahl = 3 × log(Zahl der Fälle)

Charts (Diagramme)

Eine weitere Option zur Darstellung quantitativer Daten sind **Charts** (Diagramme). Hierbei erstellt ArcGIS für jedes Objekt ein Diagramm, diese sind als Kreissektoren **(Pie Charts),** einfache Balken oder Säulen **(Bar/Column)** sowie als gestapelte Balken oder Säulen **(Stacked)** möglich. Wie auch bei den anderen Darstellungsformen werden zur Erstellung der Diagramme die Attributdaten aus der Datenbank verwendet. Die entstehende Karte bezeichnet man auch als Kartodiagramm. Die Erstellung der Diagramm-Siganturen in ArcMap ist weitgehend selbsterklärend, zu beachten ist jedoch:

- Verwenden Sie für wissenschaftliche Arbeiten keine dreidimensionalen Diagramme, aus diesen können Werte nur schlecht abgelesen werden.
- Verwenden Sie Pie-Charts nur, wenn die Summe der Segmente tatsächlich 100 % ergibt. Erstellen Sie z. B. niemals ein Pie-Chart der Beschäftigtenanteile in Industrie und Dienstleistung. Das Diagramm muss alle Sektoren enthalten, also auch den primären Sektor.
- Für Zeitreihen verwenden Sie am besten Column-Charts, wobei für jede Zeiteinheit eine Säule vorhanden sein muss.
- In ArcGIS sind die graphischen Möglichkeiten für Charts begrenzt, insbesondere die Legende ist kaum individuell gestaltbar. Daher ist bei Kartodiagrammen meist eine manuelle Nachbearbeitung in entsprechender Graphiksoftware nötig, z. B. in CorelDraw.

Mit der Option **Multiple Attributes** können Sie zwei quantitative Variablen darstellen, eine als Flächenfüllung (Choroplethen), die zweite als Kreisdiagramm. Allerdings sind die graphischen Möglichkeiten sehr beschränkt, als Alternative bietet sich an, den Layer zweimal in die Karte aufzunehmen und jeweils die Darstellung als **Quantities** und als **Categories** zuzuweisen.

Multiple Attributes

Die wesentlichen Darstellungsformen für Geo-Objekte in ArcGIS sind:

Zusammenfassung zu Symbology

- **Features:** Sie wollen alle Objekte mit der gleichen Signatur darstellen.
- **Categories:** Sie wollen die Objekte mit verschiedenen Signaturen darstellen, differenziert nach einer qualitativen Variablen. Jede Ausprägung der Variable wird mit einer eigenen Signatur dargestellt. **Categories** ist wiederum in drei Varianten unterteilt, von denen i. d. R. nur **Unique Values** benötigt wird.
- **Quantities:** Sie wollen die Objekte mit verschiedenen Signaturen darstellen, differenziert nach einer quantitativen Variablen. Die Objekte werden klassifiziert und die Klassen mit diskreten Farben oder diskreten Symbolgrößen dargestellt. Die Daten können auch unklassifiziert bleiben und mit stetigen Symbolgrößen oder als Punktdichte dargestellt werden.
- **Charts:** Jedes Objekt wird mit einem Diagramm versehen.

Ein Layer muss nicht immer aus einer Feature Class bestehen, Sie können als Layer auch Rasterdaten laden (z. B. Satellitenbilder, gescannte Karten), TINs (dreidimensionale Oberflächen) oder CAD-Dateien. Hierfür existieren jeweils eigene Darstellungsoptionen.

## 13.3 Layout des Kartenblattes

In den vorangegangenen Schritten haben Sie die Inhalte des Kartenfeldes *(Data Frame)* gestaltet, zu einem vollständigen Kartenblatt gehört aber auch ein Kartenrand mit Legende, Titel und weiteren Angaben.

Um das Layout des Kartenblattes zu bearbeiten, schalten Sie in die Layout-Ansicht **(View > Layout).** Bevor Sie das Kartenlayout vervollständigen, sollten Sie Größe und Ausrichtung des Blattes überprüfen und ggf. anpassen **(File > Page and Print Setup).**

Kartenblatt

In der Layout-Ansicht erhalten Sie eine zusätzliche Button-Leiste **(Layout-**Toolbar). Diese enthält Buttons zum Vergrößern des Blattausschnitts, zum Verkleinern und zum Verschieben. Mit dem Button **Zoom Whole Page** kommen Sie immer zur Gesamtansicht. Beachten Sie, dass sie zwei Zoom-Funktionen zur Verfügung haben, die **Tools**- und die **Layout**-Leiste. Die **Tools-**Leiste ändert den dargestellten Raumausschnitt (Data Frame). Die **Layout-**Leiste bezieht sich auf das Kartenblatt.

Das Kartenblatt enthält bisher nur ein Kartenfeld (Data Frame). Verwenden Sie den Auswahlpfeil (schwarzer Pfeil), wählen Sie den Data Frame aus und verkleinern Sie ihn mit den Randmarken, um Platz für Titel und Legende zu schaffen. Auch hier können Sie mit **Insert > Data Frame** weitere Kartenfelder hinzufügen.

Kartenfeld (Data Frame)

Titel

Mit **Insert > Title** fügen Sie einen Titel ein, z. B. **Einzelhandelskartierung im Umfeld der Universität.** Der Titel der Karte sollte kurz und prägnant sein, dabei die Thematik und das dargestellte Gebiet benennen. Verschieben Sie den Titel an eine geeignete Stelle, i. d. R. oben links. Rufen Sie zum Titel dessen **Properties** auf (Kontextmenü). Hier können Sie den Text verändern und eine geeignete Schriftart und -größe auswählen **(Change Symbol).** Setzen Sie den Titel auf Arial, 11pt, fett.

Legende

Weiterhin benötigt die Karte eine Legende, diese erstellen Sie mit **Insert > Legend.** Es erscheint ein Assistent, der Sie durch die einzelnen Schritte führt, die wesentlichen Optionen sind selbsterklärend. Die Elemente der Legende beruhen auf den Einstellungen des Data Frames. Wenn Sie also die Darstellungsweise eines Layers verändern, wird die Legende automatisch angepasst. Sie können die Legende im Nachhinein verändern, indem Sie deren **Properties** aufrufen.

Layer und Variablen müssen sinnvolle Bezeichnungen tragen, ein Variablenname wie „Unternehmensdaten.Umsatz2002EUR" ist nicht schlüssig, hier sollten Sie z. B. „Jahresumsatz 2002 in Euro" verwenden. Die Layer-Bezeichnung können Sie in **Layer Properties > General** einstellen, aussagekräftige Variablennamen in **Layer Properties > Fields > Alias.** Die Legende sollte alle Elemente des Kartenfeldes eindeutig erklären, geben Sie daher immer an, auf welchen Zeitpunkt sich die Daten beziehen, bei numerischen Daten außerdem die Einheit.

Text

Das Kartenblatt muss auch Angaben zu Autor, Jahr der Erstellung und Herkunft der Daten beinhalten. Fügen Sie mit **Insert > Text** ein Textfeld ein und verschieben Sie es nach links unten. Ändern Sie in den **Properties** des Textfeldes die Schrift auf Arial, 8pt **(Change Symbol)** und geben Sie die benötigten Angaben ein. Folgende Mindestangaben sind üblich:

- Datengrundlage (Woher kommen die thematischen Inhalte?)
- Kartengrundlage (Woher kommen die räumlichen Inhalte?)
- Autor, Jahr (Wer hat die Karte wann erstellt?)

Die Angabe zur Daten- und Kartengrundlage muss dem Leser ermöglichen, die Herkunft der Daten nachzuvollziehen. Dies ist besonders relevant, wenn Sie Sekundärdaten verwenden, derartige Quellen müssen nicht nur für den Leser der Karte nachvollziehbar angegeben werden, Sie sind i. d. R. auch aufgrund der Nutzungsbestimmungen der Daten zur Angabe der Quelle verpflichtet. Die entsprechenden Angaben können Sie aus der Beschreibung der Daten (den Metadaten) ersehen. Nicht zuletzt soll die Angabe von Autor/Jahr in Verbindung mit dem Titel der Karte dem Leser ermöglichen, die Karte als Quelle zu verwenden und nachvollziehbar zu zitieren.

Je nach Zweck der Karte können Sie auch weitere Textfelder mit Erläuterungen hinzufügen, wobei grundsätzlich für kurze Texte (wie sie auf Kartenblättern üblich sind) serifenlose Schriftarten, z. B. Arial, am besten geeignet sind. Verwenden Sie keine ungewöhnlichen Schriftarten, da diese evtl. an einem anderen Computer nicht installiert sind und in der Folge Probleme verursachen können.

Maßstab

Kartenblätter sollten i. d. R. eine Maßstabsangabe enthalten. Nur bei Karten, die aufgrund der Projektion keinen einheitlichen Maßstab besitzen, ist eine Maßstabsangabe nicht sinnvoll. Sie können den Maßstab als Balken darstellen oder als Zahl, allerdings ist ein Balken in den meisten Fällen sinnvoller, da er auch dann seine Richtigkeit behält, wenn Sie das Kartenblatt z. B. am Kopierer vergrößern oder verkleinern. Fügen Sie mit **Insert > Scale Bar** einen Maßstabsbalken ein, in dessen **Properties > Scale and Units** sollten Sie mindestens die folgenden Optionen anpassen:

- **When resizing...:** die Option **Adjust Number of Divisions**
- **Division Value:** einen runden Wert für die Länge eines Abschnitts, z. B. 100 m
- **Division Units:** die Maßeinheit für den Balken
- **Label:** die deutsche Bezeichnung oder Abkürzung für die Maßeinheit

Falls Sie im Data Frame hinein-/herauszoomen und damit den Maßstab verändern, ändert sich der Balken automatisch.

Nordpfeil

Ist dem Leser das Gebiet nicht bekannt oder die Nordrichtung nicht schlüssig, benötigt die Karte eine Richtungsangabe (Nordpfeil), nur auf Kartenblättern, in denen aufgrund der Projektion die Nordrichtung nicht eindeutig ist, ist eine Richtungsangabe nicht sinnvoll. Einen Nordpfeil fügen Sie mit **Insert > North Arrow** ein. Für wissenschaftliche Karten sollten Sie einen schlichten Nordpfeil verwenden und ihn in die Nähe der Maßstabsangabe setzen.

Mit **Insert** können Sie darüber hinaus auch eine Randlinie für das Kartenblatt einfügen **(Neatline)** sowie Bilder, z. B. ein Firmenlogo **(Picture).**

> In der Praxis ist der einfachste Weg zu einem guten Kartenlayout, eine bestehende Karte, z. B. aus einem Atlas, heranzuziehen und deren Layout nachzubilden.

Beispielprojekt und GIS

Im Rahmen des Projekts „Uni-Umfeld" haben Sie bestimmte raumbezogene Daten (1) erfasst, (2) verwaltet, (3) analysiert und (4) die Ergebnisse der Verarbeitung angemessen ausgegeben. Damit haben Sie ein Geo-Informationssystem erstellt:

> Ein GIS (Geo-Informationssystem, geographisches Informationssystem) ist ein EDV-gestütztes System, mit welchem raumbezogene Daten erfasst, verwaltet, analysiert und dargestellt werden.

Nach dieser Definition ist ein GIS nicht nur eine bestimmte Software, vielmehr beinhaltet es alle Ressourcen, die zur Durchführung eines Projekts zur Verarbeitung raumbezogener Daten herangezogen werden. Hierzu gehören Softwareanwendungen wie ArcGIS, aber auch Überlegungen zur Datenstruktur, bestimmte Hardware sowie das Know-How der Benutzer.

# 14 Kartendesign

Nachdem wir in den vorausgegangenen Kapiteln die Techniken der Kartographie mit ArcGIS kennen gelernt haben, wollen wir nun einen Überblick geben, wie Sie Karten graphisch hochwertig, ansprechend und gut lesbar gestalten. Da jede thematische Karte andere Aussagen vermittelt, lässt sich zwar keine einfache Checkliste für gutes Kartendesign aufstellen, trotzdem sind bei jeder kartographischen Arbeit bestimmte Überlegungen anzustellen.

Zweck der Karte

Moderne GIS- und Kartographiesoftware erlaubt die schnelle und unkomplizierte Erstellung von Arbeitskarten, wie sie im Forschungsprozess häufig benötigt werden. Hierbei steht natürlich die Zweckmäßigkeit der Karte im Vordergrund, besondere Ansprüche an das graphische Design sind nicht nötig. Sind jedoch hochwertige, publikationsfähige Karten zu erstellen, liegen die Anforderungen anders; jede Karte muss auch hier sachlich richtig und informativ sein, ohne aber den Leser zu überfordern. Überlegen Sie deshalb immer, wozu Sie die Karte einsetzen wollen und ggf. welchen Kenntnisstand Sie bei Ihrer Zielgruppe voraussetzen können.

Vollständigkeit und Auswahl

Fehlen zu einzelnen Objekten Daten, können Sie diese nicht ignorieren, sondern müssen die Objekte einer entsprechenden Klasse („keine Angabe") zuordnen. Auch der umgekehrte Fall ist möglich: Oftmals stehen Ihnen mehr Daten zur Verfügung als Sie brauchen, z. B. wenn zu einem Untersuchungsgebiet alle topographischen Ebenen (Verkehrswege, Siedlungen, Gewässer, administrative Gebiete) digital vorliegen. In derartigen Situationen sollten Sie aus den Daten nur diejenigen herausfiltern, die Sie wirklich benötigen. Wenn Sie sehr viele thematische Ebenen darstellen müssen, kann es auch sinnvoll sein, diese auf zwei Kartenblätter aufzuteilen.

Homogenität

Die in der Karte dargestellten Werte müssen untereinander vergleichbar sein, hierzu ist es häufig erforderlich, die Daten zu normieren. Wenn Sie z. B. die $CO_2$-Emmission von Staaten als absolute Werte darstellen, ist die Karte wenig aussagekräftig, bei Flächenfüllungen werden zusätzlich hohe Werte visuell überbetont. In derartigen Fällen bietet sich an, die Werte vor der kartographischen Darstellung zu normieren ($CO_2$-Emmission pro Einwohner oder pro $km^2$). Natürlich müssen die Werte auch hinsichtlich der Maßeinheit und Erfassungsmethode vergleichbar sein, gerade wenn Daten aus verschiedenen Quellen stammen, müssen Sie diese ggf. in eine gemeinsame Einheit umrechnen (z. B. BIP aus nationalen Währungen in US$).

Maßstab und geometrische Generalisierung

Durch die Zoom-Funktionen in GIS- und Graphiksoftware ist jeder beliebige Maßstab möglich, achten Sie dennoch darauf, dass der gewählte Maßstab mit dem Generalisierungsgrad der Kartengrundlage harmoniert. Als Faustregel gilt: Damit das Kartenbild gut lesbar ist, sollte es keine Elemente enthalten, die kleiner als ca. 0,5 mm sind (Abb. 14-1). Dies können Sie erreichen, indem Sie den Maßstab vergrößern oder eine stärker generalisierte Kartengrundlage verwenden. Unter Umständen kann es auch sinnvoll sein, den räumlichen Bezug der Inhalte zu ändern, z. B. Landkreise zu Bundesländern zusammenzufassen. Eine stärkere Generalisierung ist allerdings immer mit zeichnerischem Aufwand und mit einem Informationsverlust verbunden.

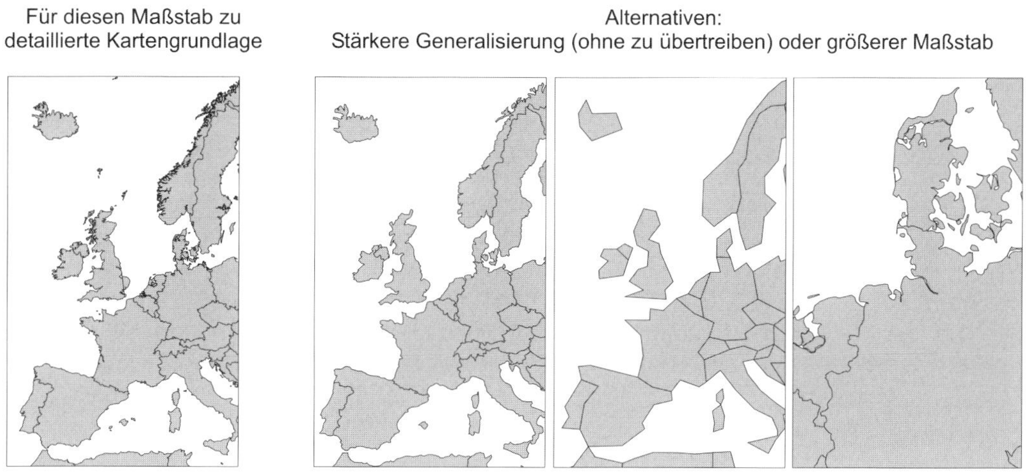


Abbildung 14-1: Maßstab und Generalisierung

Der Maßstab kann auf dem Kartenblatt als Zahl (z. B. 1:25 000) oder als Maßstabsbalken angegeben werden. Dabei ist ein Maßstabsbalken vorzuziehen, da er dem Leser besser erlaubt, Größenverhältnisse abzuschätzen. Darüber hinaus behält ein Maßstabsbalken bei einer Vergrößerung oder Verkleinerung des Kartenblattes seine Gültigkeit. Bei sehr kleinmaßstäbigen Karten, z. B. Weltkarten, ändert sich der Maßstab über die Karte hinweg stark, in solchen Fällen sollten Sie auf die Angabe eines Maßstabs verzichten.

Projektion

Für thematische Karten ist meist eine flächentreue Projektion sinnvoll, achten Sie aber vor allem darauf, dass die Projektion den Sehgewohnheiten der Zielgruppe entspricht (Abb. 14-2).

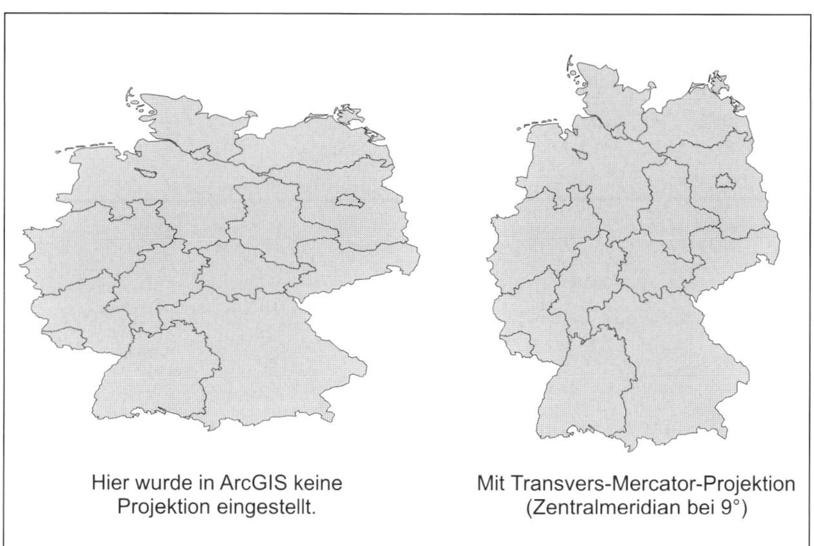


Abbildung 14-2: Verzerrung durch fehlende Projektion

Grundsätzlich sind folgende Projektionen zu empfehlen:

- Für kleinmaßstäbige Karten (v. a. Weltkarten) sind flächentreue oder so genannte vermittelnde Projektionen angebracht, z. B. die Robinson-Projektion.
- Für Karten kontinentaler Räume können Sie i. d. R. Albers Equal Area verwenden.
- Für einzelne Staaten oder noch kleinere Räume eignet sich das UTM-System.

Klassifizierung

Für die meisten Karten müssen Sie eine Klassifikation der Daten vornehmen. Die Klassen müssen unterscheidbar sein, verwenden Sie daher in einer thematischen Ebene nicht mehr als sieben Klassen. Mindestens drei Klassen sind i. d. R. sinnvoll darstellbar.

Jedes vorkommende Objekt muss einer Klasse zugeordnet sein, falls Sie zu einzelnen Objekten keine Daten verfügbar haben, lassen Sie diese nicht einfach aus der Karte heraus, sondern bilden Sie eine eigene Klasse, z. B. „keine Angabe". Darüber hinaus müssen die Klassen gegenseitig exklusiv sein, es sollte also kein Objekt in zwei Klassen fallen können.

Für quantitative Daten bietet ArcGIS verschiedene Klassifikationsmethoden an, welche am besten geeignet ist, hängt von den statistischen Eigenschaften Ihrer Daten und dem Aussagezweck Ihrer Karte ab:

- Manuell: Hier können Sie Ihre Klassengrenzen völlig frei bestimmen.
- Gleiches Intervall / Bestimmtes Intervall: Jede Klasse umfasst den gleichen Wertebereich (z. B. > 0–10, > 10–20, > 20–30). Dies ist bei einer homogenen Häufigkeitsverteilung der vorkommenden Werte sinnvoll.
- Quantile: Jede Klasse enthält gleich viele Objekte, wenn Sie z. B. 20 Werte auf vier Klassen aufteilen, fallen die fünf höchsten Werte in die erste Klasse, die fünf nächst höheren Werte in die zweite Klasse, etc. Diese Klassifikation berücksichtigt die Werteverteilung nicht und sollte daher ebenfalls nur für relativ homogen verteilte Variablen eingesetzt werden.
- Standardabweichung: ausgehend vom Mittelwert wird nach oben und unten alle *n* Standardabweichungen eine neue Klasse begonnen. Dies ist sinnvoll, um Abweichungen vom Mittelwert zu zeigen.
- Jenks-Methode (Natural Breaks): Klassengrenzen werden bei Lücken in der Werteverteilung gesetzt, dadurch fasst jede Klasse gleiche Werte zusammen, untereinander sind die Klassen aber sehr verschieden. Diese Methode eignet sich vor allem für inhomogene Werteverteilungen.

Abbildung 14-3 zeigt die verschiedenen Klassifikationsmethoden, angewandt auf die Bevölkerungsdichte in oberbayerischen Landkreisen, daran können Sie erkennen, wie sehr die Klassifikation die visuelle Wirkung der Karte beeinflusst. Die dargestellte Bevölkerungsdichte besitzt eine große Spannweite mit einigen wenigen Extremwerten (Ausreißern). Daher fallen bei der Methode „Gleiches Intervall" fast alle Kreise in eine einzige Klasse. Die Klassifikation nach Standardabweichungen wie auch die Jenks-Methode hebt Gebiete mit hoher Bevölkerungsdichte hervor.

Signaturen

Die graphischen Elemente, mit denen die Inhalte der Karte dargestellt werden, bezeichnen wir als Signaturen. Signaturen können die entsprechenden Realobjekte nachbilden, z. B. ein Zelt für einen Campingplatz, ein

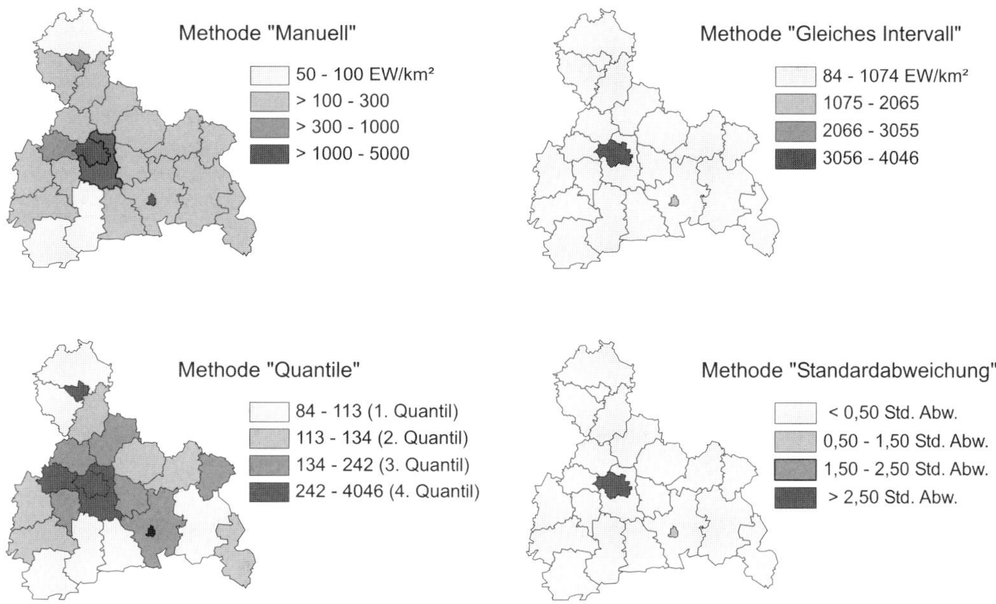


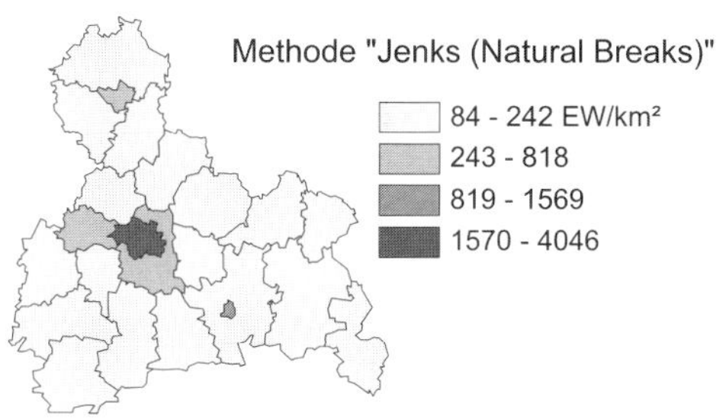


Abbildung 14-3:
Klassifikationsmethoden

Zahnrad für einen Industriebetrieb, etc., andere Signaturen sind abstrakt, z. B. geometrische Formen. Bevor Sie die Signaturen einer Karte festlegen, sollten Sie einige Überlegungen anstellen:

- Sind formale Vorgaben gesetzt? Dies kann der Fall sein, wenn Sie die Karte bei einem Verlag publizieren. Auch besitzen manche Fachgebiete eigene Konventionen für Signaturen, z. B. die Planzeichenverordnung (PlanzV) für Landschaftspläne, Kartieranleitungen für geologische Kartierungen, etc.
- Auf welchem Medium wollen Sie die Karte ausgeben? Welche Drucker (Papierformat, Farbfähigkeit) stehen zur Verfügung? Falls die Karte fotokopierbar sein soll, können Sie keine Farben verwenden. Wenn der Empfänger in der Lage sein soll, die Karte digital weiter zu verarbeiten, müssen Sie klären, welche Software ihm zur Verfügung steht und ob diese Software ggf. Probleme mit bestimmten Signaturen hat.

Jede Signatur besitzt variierbare Eigenschaften (visuelle Variablen), dies sind Größe, Form, Muster, Farbton (Blau, Rot, Gelb, etc.) und Farbhellig-

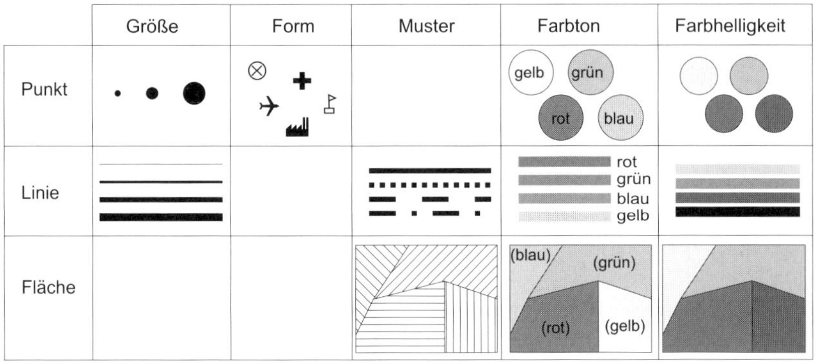


Abbildung 14-4: Datentypen und visuelle Variablen

keit. Abbildung 14-4 zeigt, welche visuellen Variablen je nach geometrischem Typ der Objekte (Punkt, Linie, Fläche) zur Verfügung stehen.

Neben dem geometrischen Typ spielt bei der Auswahl einer Signatur der Datentyp (quantitativ/qualitativ) eine wesentliche Rolle (Abb. 14-5):

- Quantitative Daten besitzen eine inhärente logische Reihung. Variieren Sie daher Signaturen in Farbhelligkeit oder Größe, evtl. auch im Muster (Musterdichte) und Farbton (Farbschaukel), nicht aber in der Form. Wählen Sie darüber hinaus Signaturen, die intuitiv erfassbar sind (niedriger Wert = kleines Symbol oder dünne Linie oder heller Farbton, hoher Wert = großes Symbol oder dicke Linie oder dunkler Farbton).
- Qualitative Daten besitzen keine logische Reihung. Variieren Sie daher die Signaturen in Form oder Farbton, evtl. auch im Muster (Musterformen), nicht aber in der Größe und Farbhelligkeit.

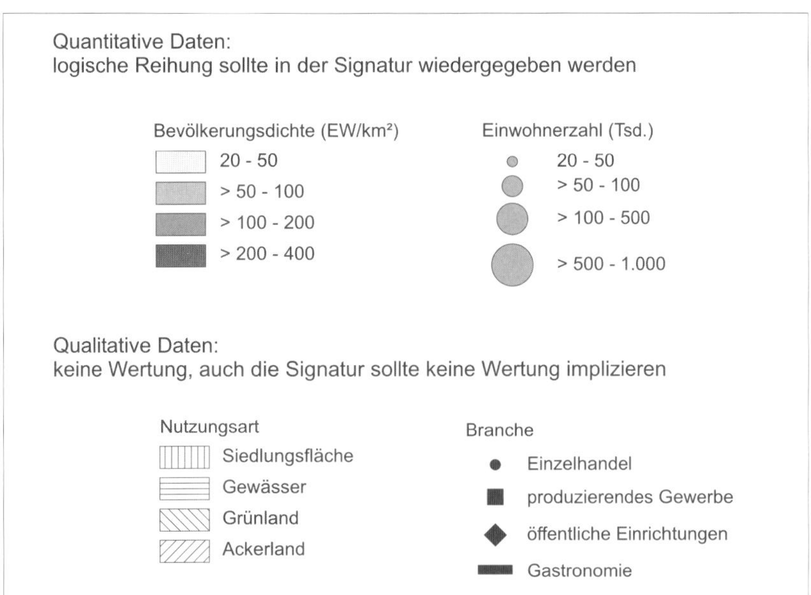


Abbildung 14-5: Variationen visueller Variablen

Grundsätzlich sollte für jede in der Karte dargestellte Variable (z. B. Einwohnerzahl) nur eine visuelle Variable eingesetzt werden, also z. B. verschieden große Kreise. Variieren Sie die Kreise nicht zusätzlich in der Helligkeit, der geübte Leser würde hierin eine zusätzliche Information vermuten.

Die in thematischen Karten meistverwendeten Signaturen sind Flächenfüllungen (Choroplethen), daneben sind häufig abgestufte Symbole, Punktdichte- oder Punktsignaturen anzutreffen (Abb. 14-6).

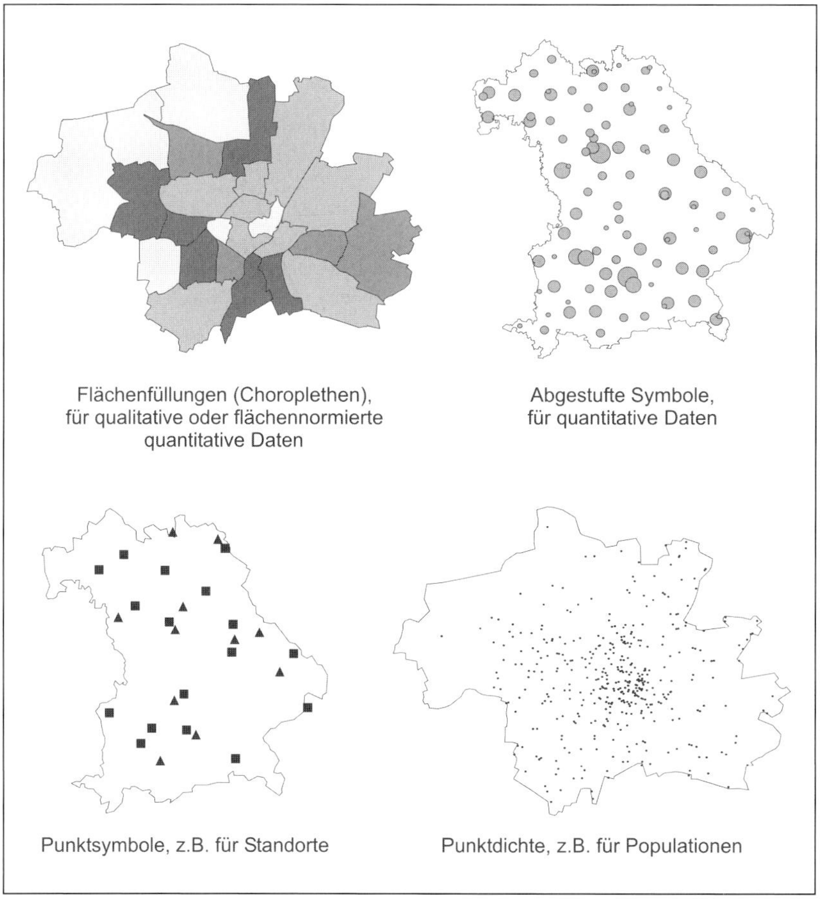


Abbildung 14-6: Signaturbeispiele

Farben

Die Farbgebung ist ein Teil der Signatur, welche die visuelle Wirkung einer Karte maßgeblich bestimmt. Zu unterscheiden sind dabei Darstellungen in schwarz-weiß, in Graustufen und in Farbe[17]. Grundsätzlich sollten Sie Farbe immer gezielt einsetzen und großflächiges schwarz oder weiß vermeiden.

Jede Farbe kann als Kombination eines bestimmten Farbtons (rot, blau, etc.) mit einer bestimmten Helligkeit betrachtet werden (und einer be-

17 Schwarz-Weiß-Abbildungen beinhalten nur schwarze und weiße Elemente, keine Grautöne.

stimmten Reinheit, die aber für ArcGIS irrelevant ist). Diese Farbdefinition wird als HSV-Farbmodell bezeichnet (Hue/Saturation/Value; Farbton/Helligkeit/Reinheitswert)[18].

Der Aufbau von Farbsignaturen hängt wesentlich vom Datentyp ab. Qualitative Daten wie Landnutzung oder politische Zugehörigkeit sollten in deutlich unterschiedlichen Farbtönen gleicher Helligkeit dargestellt sein. Für quantitative Daten (z. B. Bevölkerungsdichte) hingegen verwenden Sie am besten einen einzigen Farbton, den Sie in der Helligkeit variieren (z. B. hellrot zu dunkelrot, sog. einpolige Farbskala). Variieren Sie die Helligkeit dabei in konstanten Schritten. Grundsätzlich sollten Sie vermeiden, innerhalb einer Farbskala sowohl Ton als auch Helligkeit zu variieren. Beachten Sie bei der Auswahl der Farbe(n), dass Gelb und Blau intuitiv mit niedrigen Werten assoziiert werden, Rot mit hohen.

Mit einem einzigen Ton bzw. einer Helligkeit lassen sich etwa fünf gut unterscheidbare Klassen darstellen. Bei quantitativen Daten mit mehr als fünf Klassen ist die Verwendung einer mehrpoligen Skala sinnvoll (z. B. zweipolige Skala von rot nach gelb, dreipolige Skala von rot nach gelb nach grün). In mehrpoligen Skalen sollte jede verwendete Farbe in drei bis vier Tönen vorkommen, Sie können also mit einer zweipoligen Skala bis zu acht Klassen differenzieren, mit einer dreipoligen bis zu zwölf. Um optische Brüche in der Skala zu vermeiden, verwenden Sie einheitlich Farbton-Schritte und belassen Sie die Helligkeit konstant.

Kartenblatt

Damit ein Kartenblatt seine Aussage effektiv vermittelt, benötigt es auch ein angemessenes Layout. Zum Layout gehören das Kartenbild selbst, Titel, Legende, Maßstabsangabe, etc. sowie die sinnvolle Gestaltung und Anordnung all dieser Elemente auf dem Blatt. Vor dem Design des Kartenblattes sollte das Ausgabemedium bekannt sein, da für ein großformatiges Poster ein anderes Layout (andere Schriftgrößen, etc.) notwendig ist als für einen A4-Ausdruck.

Ziel des Layouts ist immer, (1) das Auge des Lesers auf die wesentliche Information zu lenken und (2) die Aussage der Karte so klar und deutlich wie möglich zu transportieren (Abb. 14-7).

Dies erreichen Sie, indem Sie folgende Prinzipien berücksichtigen:

- Ausgewogenheit: Die Elemente auf dem Kartenblatt sollten gleichmäßig über das Blatt verteilt sein. Die visuelle Mitte eines Blattes, d. h. der Punkt, auf den der Betrachter unwillkürlich sein Augenmerk lenkt, ist leicht oberhalb der geometrischen Mitte. Hier sollte auch die Mitte des Kartenfeldes sein.
- Hierarchie im Kartenbild: Als Hierarchie im Bild bezeichnen wir die wahrgenommene Bedeutung der Kartenelemente. Innerhalb des Kartenbildes sollte die wichtigste Information visuell stärker hervorstechen als Hintergrundinformation. Dies lässt sich vor allem durch die Farbgebung und Größe der Signaturen erreichen. Hierzu gehört auch die Beziehung

18 Das HSV-Modell beschreibt Farben nach ihrer visuellen Wirkung. Andere Farbbeschreibungen sind das RGB-Modell (jede Farbe wird als Mischung aus rotem, grünem und blauem Licht aufgefasst) oder das CMY-Modell (als Mischung aus Cyan, Magenta und Gelb). Diese physikalischen Farbmodelle sind vor allem für die Bildschirm- und Drucktechnik relevant.

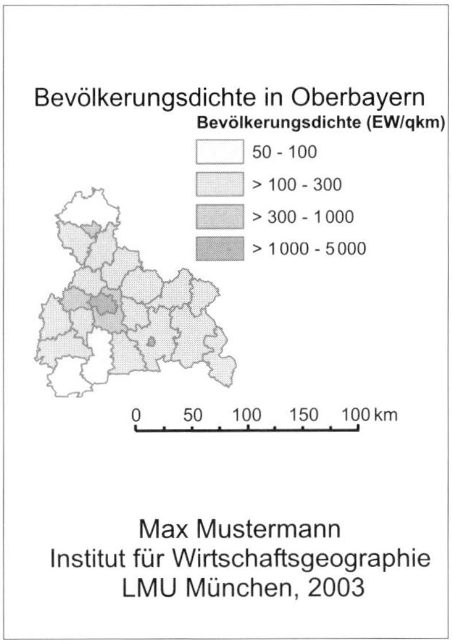


Unausgewogenes Layout, Hierarchie im Kartenblatt ist unstimmig, schwacher Kontrast

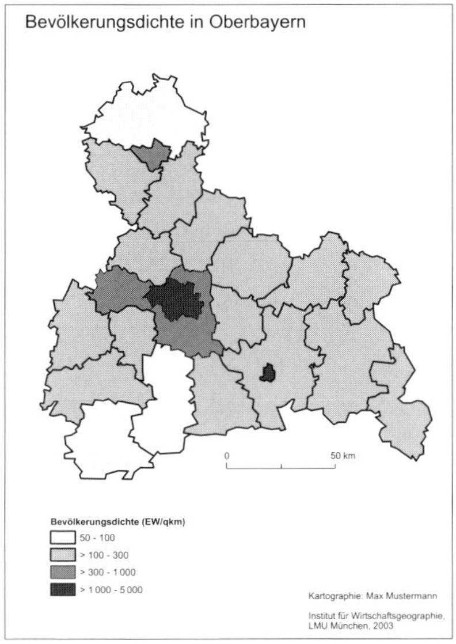


Ausgewogenes Layout mit angemessener Hierarchie und gutem Kontrast

Abbildung 14-7: Variationsmöglichkeiten im Layout

zwischen Signaturen und Hintergrund. Signaturen sollten sich deutlich vom Hintergrund abheben. Dies ist z. B. bei schwarzen, gefüllten Formen auf weißem Hintergrund gegeben, weiße Formen mit schwarzen Umrissen treten deutlich weniger hervor.

- Hierarchie im Kartenblatt: Auch hinsichtlich des gesamten Kartenblattes sollte wichtige Information visuell stärker hervorstechen als Hintergrundinformation. Im Gesamtlayout sind das Kartenbild und der Titel die wichtigsten Elemente. Sie sollten kräftig, aber nicht aggressiv wirken, andere Informationen wie Maßstabsbalken und Texte sollten deutlich dahinter zurücktreten. Dies können Sie vor allem durch die Größe der Elemente erreichen.
- Kontrast: Der Kontrast bestimmt, wie sehr sich Elemente voneinander unterscheiden lassen. Der Kontrast zwischen Informationsebenen sollte stärker sein als innerhalb einer Ebene. Um den Kontrast zu erhöhen, verwenden Sie deutlich unterschiedliche Signaturen, um ihn zu reduzieren, gleichen Sie die Signaturen aneinander an.

# 15 Sekundärdaten

Primär- und Sekundärdaten

Zu Beginn jedes Kartenprojekts ist zu entscheiden, welche Daten benötigt werden und wo diese zu beziehen sind (vgl. Tab. 15-1). Bei dem Projekt „Unternehmen im Umfeld der Universität" existierten die benötigten Daten noch nicht, wir mussten sie selbst erheben (Primärdaten). Für viele Fragestellungen können wir jedoch auf bereits bestehende Daten (Sekundärdaten) zurückgreifen.

| | Primärdaten | Sekundärdaten |
|---|---|---|
| Definition | Daten, die eigens für den jeweiligen Verwendungszweck erhoben wurden | Daten, die ursprünglich für einen anderen Zweck erhoben wurden als den, für den sie eingesetzt werden |
| Bezugsquellen | eigene Erfassung durch Befragung oder Beobachtung | Ämter (Statistische Ämter und Vermessungsämter), Branchenverbände, internationale Organisationen |
| Vorteile | Flexibilität in der Gestaltung der Datenbasis, hohe Aktualität, hohe Zuverlässigkeit | geringer zeitlicher Aufwand zur Datenbeschaffung, evtl. geringer finanzieller Aufwand zur Datenerhebung |
| Nachteile | hoher zeitlicher Aufwand zur Datenerhebung, evtl. hoher finanzieller Aufwand zur Datenerhebung | meist kostenpflichtig, nicht flexibel, meist nicht aktuell, Zuverlässigkeit nicht überprüfbar |
| Beispiele für Raumdaten | eigene Kartierung von Unternehmensstandorten, Befragung von Unternehmen nach Standorten, Befragung von Touristen nach Herkunfts- und Zielort | Topographische Karten, Verwaltungsgrenzen aus dem ArcGIS-Lieferumfang, ATKIS-Daten des bayerischen Landesvermessungsamtes, GISCO-Daten von Eurostat |
| Beispiele für Sachdaten | Befragung von Unternehmen nach Umsätzen, Befragung von Passanten nach Einkaufsverhalten | Mikrozensus des statistischen Bundesamtes, Arbeitslosenzahlen der Bundesagentur für Arbeit, Umsatzzahlen aus Unternehmensbilanzen, REGIO-Daten von Eurostat |

Tabelle 15-1: Primär- und Sekundärdaten

Für jedes Kartenprojekt benötigen Sie Raum- und Sachdaten, letztere sind meist quantitativer (Statistiken, Messwerte) und seltener qualitativer Art.

Bezugsquellen sekundärer Raumdaten

In vielen Situationen reichen die im Lieferumfang von ArcGIS enthaltenen Raumdaten aus. Diese umfassen u.a. die Grenzen aller Staaten der Erde sowie die Grenzen der europäischen NUTS-Verwaltungsgebiete (in

Deutschland sind dies gleichzeitig die Grenzen der Länder, Regierungsbezirke und Landkreise). Weitere großräumige Raumdaten werden von ESRI auf einem Internetserver bereitgestellt und können direkt in eine ArcMap-Karte integriert werden **(File > Add Data > Internet Servers > www.geographynetwork.com).** Darüber hinaus sind verschiedene Raumdaten bei ESRI und anderen Softwareherstellern käuflich zu erhalten.

Natürlich können Sie die benötigten Daten auch selbst digitalisieren, z. B. von einer TK, dies ist jedoch mit erheblichem zeitlichem Aufwand verbunden. Während in anderen Staaten, z. B. den USA, amtliche Vermessungsdaten kostenlos abgegeben werden, sind Raumdaten in Deutschland relativ teuer. Ein wichtiger Anbieter sind die Landesvermessungsämter. Bei diesen erhalten Sie die ATKIS-Daten (entsprechen den Inhalten der topographischen Karte ohne Gelände) und das digitale Geländemodell DGM. Die digitale Flurkarte (mit Grundstücken und Gebäuden) erhalten Sie bei den Vermessungsbehörden der Kommunen, weitere amtliche Geobasisdaten wie Naturschutzgebiete oder Planungsregionen sind bei den fachlich zuständigen Behörden erhältlich (Umweltamt, etc.).

Von privaten Unternehmen angebotene Raumdaten sind im Wesentlichen:

- Straßenverläufe und andere Verkehrsobjekte: Diese werden von Telematik-Unternehmen wie Navteq und Teleatlas vor allem für Navigationssysteme erfasst, sind aber auch kartographisch verwendbar.
- Postleitzahlengebiete: Viele Unternehmen teilen ihre Vertriebsgebiete nach Postleitzahlen auf oder führen in bestimmten Postleitzahlengebieten Marketing- und Werbemaßnahmen durch (Geomarketing). So haben sich diese so genannten PLZ-Gebiete als räumliche Basis für viele Karten etabliert. Die Daten werden von der Post AG und anderen Unternehmen verkauft.
- Sozioökonomische Gliederungen: Im Werbe- und Marketingbereich hat sich eine regional differenzierte Kundenansprache etabliert, die einschlägigen Unternehmen (GfK, infas Geodaten, MB-Research, etc.) bieten daher über die PLZ hinausgehende Raumdaten an, z. B. die Abgrenzung von Kaufkraftgebieten, Wohnquartieren und Straßenabschnitten bis hin zu Koordinaten einzelner Gebäude und Hausnummern.

Bezugsquellen sekundärstatistischer Sachdaten

Sekundärstatistische Sachdaten unterscheiden sich grundsätzlich dahingehend, ob sie von der öffentlichen Hand oder von einem privatwirtschaftlichen Unternehmen angeboten werden, da diese jeweils unterschiedliche Zielgruppen ansprechen und damit auch unterschiedliche Inhalte anbieten. Die statistischen Daten der öffentlichen Anbieter (v. a. statistische Ämter) basieren in Deutschland und der EU auf dem gesetzlichen Auftrag, die Daten zu erfassen und sie Politik, Verwaltung und der Öffentlichkeit zur Verfügung zu stellen. Daher sind nicht Aussagen über einzelne Objekte (z. B. Beschäftigtenzahl einzelner Unternehmen) von Interesse, sondern nur zusammenfassende (aggregierte) Aussagen (z. B. Beschäftigtenzahl einer Branche in einer Region).

Daneben erfassen auch privatwirtschaftliche Unternehmen statistische Daten und bieten diese kommerziell an. Viele dieser Unternehmen sind in der Marktforschung tätig und haben daher große Datenbestände aufgebaut,

z. B. über das Konsumverhalten von Endverbrauchern. Dieses Angebot richtet sich vor allem an andere Unternehmen, die für Marketingmaßnahmen bestimmte Zielgruppen erreichen wollen, z. B. einkommensstarke Haushalte mit Kindern, Einzelhandelsunternehmen mit einem bestimmten Sortiment, etc. Zur direkten Ansprache dieser potenziellen Kunden ist dabei ein räumlicher Bezug in Form der Adresse oder Postleitzahl nötig (Geomarketing).

Die meisten Unternehmen einer Branche und Region sind auch in Verbänden wie den Industrie- und Handelskammern (IHK) organisiert, daher besitzen die Verbände umfangreiche Datenbestände. Zwar beinhalten diese i. d. R nur die Adressen der Mitgliedsunternehmen, um die Grundgesamtheit einer Untersuchung zu erfassen, ist dies jedoch ausreichend. Tabelle 15-2 gibt einen Überblick über sekundärstatistische Daten öffentlicher und privater Anbieter.

| | Daten öffentlicher Anbieter | Daten privater Anbieter |
|---|---|---|
| Zielgruppe | amtliche und wissenschaftliche Zwecke | v. a. Unternehmen (z. B. für Werbemittelplanung) |
| Inhalte (Beispiele) | soziodemographische Daten (Bevölkerung, Erwerbstätigkeit, Bildung, etc.); regional- und gesamtwirtschaftliche Daten (Wirtschaftsstruktur, Außenhandel, volkswirtschaftliche Gesamtrechnung, Tourismus, Verkehr, öffentliche Finanzen, etc.) | soziodemographische Daten (Kaufkraft, Altersstruktur, etc.); Unternehmensdaten (Umsatz, Mitarbeiterzahl, Bonität, etc.); Personendaten (Bonität) |
| Anbieter (Beispiele) | Deutschland: Statistisches Bundesamt (Daten auf Bundes- bis Landkreisebene), statistische Landesämter (Daten auf Landes- bis Gemeindeebene), statistische Ämter der Kommunen (Daten der jeweiligen Kommune), Bundesagentur für Arbeit, Forschungsinstitute; International: Eurostat (Statistisches Amt der EU), UN-Organisationen (Weltbank, IWF, etc.), OECD, nationale statistische Ämter | Marktforschungsunternehmen (GfK, infas Geodaten); Informationsbroker (Schufa, Creditreform, Hoppenstedt); Branchenverbände (IHK, Einzelhandelsverband, etc.) |
| Kosten | niedrig | hoch |
| Aktualität | niedrig | hoch |
| Aggregationsniveau | hoch (viele Individuen sind zu einem Datensatz zusammengefasst) | niedrig (wenige Individuen sind zu einem Datensatz zusammengefasst, z. T. nur ein Unternehmen, eine Person, ein Haushalt) |

Tabelle 15-2: Sekundärstatistische Daten

Die amtliche Statistik in Deutschland

Der Begriff „Amtliche Statistik" bezeichnet alle statistischen Erhebungen und Auswertungen, die vom Staat und von den Gemeinden bzw. von ihren Organen (Ministerien, Behörden) durchgeführt werden. In Deutschland ist die amtliche Statistik nach dem Subsidiaritätsprinzip aufgebaut: Für die Bundesstatistik ist das Statistische Bundesamt zuständig, für die Landesstatistik die statistischen Ämter der Länder (z. B. Bayerisches Landesamt für Statistik und Datenverarbeitung). Größere Kommunen betreiben eigene statistische Ämter.

Hauptprodukt der amtlichen Statistik sind die so genannten statistischen Grundzahlen, diese sind gegliedert nach Geographie, Bevölkerung, Erwerbstätigkeit, Wahlen, Bildung und Kultur, Sozialleistungen, Gesundheitswesen, Rechtspflege, Bauen und Wohnen, Umwelt, Land- und Forstwirtschaft, Produzierendes Gewerbe, Handwerk, Binnenhandel, Tourismus, Verkehr, Geld und Kredit, Dienstleistungen, Außenhandel, Unternehmen, Gewerbeanzeigen, Preise, Löhne und Gehälter, Wirtschaftsrechnungen und Zeitbudget, Finanzen und Steuern, Volkswirtschaftliche Gesamtrechnungen.

Die Erhebungen finden periodisch oder nach Bedarf statt und beziehen sich auf bestimmte Regionen und/oder Themenkreise. Die wichtigsten Arten von Erhebungen sind:

- Die Volkszählung
  - ist eine in regelmäßigen Abständen, meist alle zehn Jahre, durchgeführte Bestandsaufnahme der Bevölkerung eines Landes,
  - gibt Aufschluss über die Zahl der Bevölkerung sowie über ihren Familienstand, ihre Alters-, Sozial-, Bildungs- und Erwerbsstruktur und
  - wird häufig in Verbindung mit Berufs-, Gebäude-, Wohnungs- und Arbeitsstättenzählungen durchgeführt.
- Der Mikrozensus
  - ist eine Flächenstichprobe, die ein Prozent aller Haushalte jährlich erfasst,
  - tauscht jährlich $^1/_4$ der zu befragenden Haushalte aus und
  - dient der Aktualisierung langperiodischer Erhebungen.

Einige grundlegende Daten der amtlichen Statistik sind kostenlos über die Internet-Angebote der statistischen Ämter erhältlich (www.destatis.de, etc.), differenzierte Daten erscheinen regelmäßig in kostenpflichtigen Publikationen. Die wichtigsten Publikationen sind:

- Das statistische Jahrbuch der BRD bzw. der Länder oder Kommunen
- Fachserien des Statistischen Bundesamtes
- Die Gemeindestatistik der statistischen Landesämter (jährlich)
- Der Atlas zur Regionalstatistik

Diese Publikationen sind in den meisten Universitätsbibliotheken vorhanden, mittlerweile auch in elektronischer Form, bzw. verfügen einige Bibliotheken auch über einen Online-Zugriff auf die Datenbanken der statistischen Ämter.

Gebietsgliederung in Deutschland

In den amtlichen statistischen Daten wird jede Verwaltungseinheit in Deutschland durch den so genannten amtlichen Gebietsschlüssel (AGS) identifiziert. Dies ist eine achtstellige Kennung, z. B. hat die Gemeinde Grasbrunn bei München den AGS 09184121.

| 09 | 1 | 84 | 121 |
|---|---|---|---|
| Bundesland;<br>09 = Bayern | Regierungsbezirk;<br>1 = Oberbayern | Landkreis;<br>84 = München (Kreis) | Gemeinde;<br>121 = Grasbrunn |

Der AGS ist hierarchisch aufgebaut, wobei die ersten beiden Stellen das Bundesland bezeichnen, die dritte Stelle den Regierungsbezirk innerhalb des Landes, etc. Übergeordnete Einheiten werden nach rechts mit Nullen belegt, so ist die Kennung von Oberbayern 09100000, die Kennung des Landkreises München 09184000. Der AGS der Landkreise wird manchmal auch als Kreiskennziffer, derjenige der Gemeinden als Gemeindekennziffer bezeichnet. Bei Daten der statistischen Landesämter wird oft die Länderkennung (die ersten beiden Ziffern) weggelassen, in Veröffentlichungen des bayerischen statistischen Landesamtes kann also die Gemeinde Grasbrunn mit der Kennung 184121 erscheinen.

Eurostat: die amtliche Statistik der EU

Daten über die EU werden von Eurostat, dem statistischen Amt der EU, verarbeitet und angeboten. Die Aufgabe von Eurostat ist die Versorgung der Generaldirektionen mit Statistiken und die Lieferung von Daten für Konzeption, Durchführung und Analyse der Gemeinschaftspolitik an die Kommission und andere europäische Institutionen. Eurostat erhebt selbst keine Daten, sondern verarbeitet und veröffentlicht Daten der statistischen Ämter der Mitgliedstaaten. Hierfür müssen die Daten aus allen EU-Staaten vergleichbar sein, also einheitliche Begriffe, Methoden, Strukturen und technische Normen verwenden. Dies ist bisher nur teilweise umgesetzt, so sind z. B. noch verschiedene Branchenklassifikationen im Einsatz.

Eurostat bearbeitet Statistiken zu den Thematiken

- Wirtschaftsstatistik,
- Unternehmensstatistik (u. a. NACE-Klassifikation der Wirtschaftszweige),
- Sozial- und Regionalstatistik sowie
- Agrar-, Umwelt- und Energiestatistik.

Für uns ist insbesondere die Regionalstatistik von Interesse, diese enthält statistische Sachdaten über die EU-Staaten und die Beitrittsländer. Die Daten sind regional gegliedert, ähnlich dem deutschen AGS, die Regionalgliederung der EU heißt NUTS *(Nomenclature des unités territoriales statistiques)*. Die NUTS ist hierarchisch in sechs Ebenen organisiert, wobei die NUTS-0-Ebene den Staaten entspricht, die NUTS-1-Ebene einer weiteren Differenzierungsstufe, etc. Insgesamt existieren also die Ebenen NUTS-0 bis NUTS-5. Innerhalb jeder Ebene wurden die NUTS-Regionen so abgegrenzt, dass in etwa sozioökonomisch vergleichbare Räume entstehen.

Analog zum deutschen AGS besitzt jede NUTS-Region eine eigene, hierarchisch aufgebaute Kennung, z. B. hat die NUTS-3-Region Osnabrück die Kennung DE944:

| DE | 9 | 4 | 4 |
|---|---|---|---|
| NUTS-0 (Staaten);<br>DE = Deutschland | NUTS-1-Region;<br>9 = Niedersachsen | NUTS-2-Region;<br>4 = Weser-Ems | NUTS-3-Region;<br>4 = Osnabrück |

Da viele NUTS-Regionen in mehr als neun Unterregionen gegliedert sind, reichen die Ziffern 1–9 nicht aus, in diesem Fall werden zusätzlich Buchstaben verwendet (z. B. DEA51 für Bochum).

In Deutschland fallen die NUTS-Grenzen weitgehend (aber nicht vollständig) mit den Verwaltungsgrenzen zusammen: NUTS-1 entspricht den Ländergrenzen, NUTS-2 den Regierungsbezirken, NUTS-3 den Landkreisen, zu NUTS-4 existiert keine Entsprechung und NUTS-5 folgt in Deutschland den Gemeinden. In anderen EU-Staaten sind die NUTS-Regionen unabhängig von den Verwaltungsgebieten, so ist z. B. Österreich mit neun Bundesländern in nur drei NUTS-1-Regionen aufgeteilt. Bei Eurostat liegen zu den Regionen der Ebenen NUTS-0 bis NUTS-2 umfangreiche statistische Daten vor, zu NUTS-3 sind nur vereinzelte, zu NUTS-4 und NUTS-5 noch gar keine Sachdaten verfügbar.

Anders als in Deutschland, wo statistische Daten von den statistischen Ämtern und Raumdaten von den Vermessungsämtern angeboten werden, bietet Eurostat beide Arten von Daten an (bei Raumdaten die Grenzen der NUTS-Regionen). Die Eurostat-Datenbank der regional differenzierten Sachdaten heißt REGIO, die Datenbank mit Raumdaten wird unter dem Namen GISCO geführt.

Auch Eurostat bringt regelmäßige Publikationen mit Daten und z. T. Auswertungen und Kommentaren heraus. Die wichtigsten sind:

- Das Eurostat-Jahrbuch
- Das Statistisches Jahrbuch der Regionen
- Das Portrait der Regionen

Alle Eurostat-Sachdaten sind kostenlos über das Internet-Angebot von Eurostat erhältlich (www.europa.eu.int/comm/eurostat/), so auch die REGIO-Daten, die GISCO-Daten mit der NUTS-Abgrenzung ist hingegen kostenpflichtig.

Unter www.hennermann.net finden Sie Übungsaufgaben zu diesem Kapitel, deren Bearbeitung wir empfehlen. Aufgaben

# 16 Drucken und Exportieren von ArcMap-Karten

Was passiert beim Drucken?

Wenn Sie aus einem Programm (z. B. ArcMap, MS Word) drucken, läuft ein vielschichtiger Prozess ab. Ein Drucker versteht die innere Struktur z. B. einer Word-Datei nicht, daher kann nicht einfach die Word-Datei an den Drucker gesendet und dort verarbeitet werden. Drucker verstehen nur eine oder mehrere so genannte Steuersprachen, diese bestehen aus Befehlen, die den Drucker anweisen, bestimmte graphische Elemente an bestimmte Stellen auf dem Papier anzuordnen. Verbreitete Steuersprachen sind Postscript (PS), HPGL und PCL, von jeder dieser Sprachen gibt es wiederum verschiedene Varianten.

Wenn Sie in einer Anwendung (MS Word, ArcMap) ein Dokument drucken, passiert folgendes:

1. Die Anwendung schickt die Daten an den Druckertreiber. Das ist eine auf dem PC installierte Software, welche Daten in Befehle einer bestimmten Drucker-Steuersprache umwandelt.
2. Diese Befehlssequenzen werden über ein Kabel oder Netzwerk an den Drucker geschickt. (Alternativ kann man sie auch als Druckdatei speichern.)
3. Der Drucker nimmt die Befehle der Steuersprache entgegen und bringt entsprechende Zeichnungselemente zu Papier.

Bei jedem dieser Schritte sind Fehler möglich, z. B. wenn ein Druckertreiber installiert ist, der nicht auf den Drucker abgestimmt ist, der Treiber wandelt dann die Daten in Befehle um, der Drucker versteht diese nicht oder falsch, es kommt gar nichts oder nur „Zeichensalat“ heraus.

Ausgabe auf Papier: Drucken und Plotten

Meist werden Sie eine Karte auf Papier ausgeben wollen, hierzu ist jeder moderne Laser- oder Tintenstrahldrucker geeignet. Gerade bei Karten kann ein größeres Format als A4 notwendig sein, z. B. benötigen Sie für eine Karte des Stadtgebiets von München in 1 : 25 000 mindestens DIN A1. Hierfür stehen an Universitätsrechenzentren und in Copy Shops großformatige Drucker zur Verfügung, diese werden auch als Plotter[19] bezeichnet.

Digitale Weitergabe der Karte

Um eine mit ArcMap erstellte Karte digital weiterzugeben, können Sie nicht einfach die ArcMap-mxd-Datei weitergeben:

- Das Dateiformat mxd kann nur mit ArcMap geöffnet werden, der Empfänger muss also ArcMap besitzen.
- Die ArcMap-Datei beinhaltet keine Geo- und Sachdaten, sondern nur Verweise auf die zugrunde liegenden Datenbanken, diese Datenbanken müssen Sie mitliefern.
- Der Empfänger kann die Karte verändern, unter Umständen ist dies nicht erwünscht.

19 Der Begriff Plotter (engl. *to plot,* zeichnen, konstruieren) stammt daher, dass frühe Plotter Zeichenstifte über das Papier führten. Heutige Plotter arbeiten mit Tintenstrahl- oder Lasertechnologie, der Begriff hat sich aber für großformatige Drucker erhalten.

Daher empfiehlt sich, die Karte in ein anderes, für den Empfänger passendes Dateiformat zu übertragen. Hierfür wählen Sie in ArcMap **File > Export Map.** Als Dateityp wählen Sie das entsprechende Format aus:

- *PDF* (Portable Document Format): PDF-Dateien können mit dem Adobe Reader geöffnet werden. Der Empfänger kann die Datei nicht verändern.
- *EPS* (Encapsulated Postscript): Vor allem Verlage und Druckereien verwenden dieses Format, gehen aber zunehmend zum PDF-Format über. EPS-Dateien können am Bildschirm z. B. mit der Software GhostView geöffnet werden. Der Empfänger kann die Datei nicht verändern.
- *EMF* (Enhanced Metafile): Dieses Format sollten Sie verwenden, wenn Sie die Karte in andere Software übertragen wollen, z. B. in CorelDraw, in ein Word-Dokument oder eine Powerpoint-Präsentation. Der Empfänger kann die Datei verändern. Die folgenden Ausführungen beschreiben das Vorgehen Schritt für Schritt.

Einbinden in MS Office

Eine ArcMap-Karte lässt sich u. a. in ein Word-Dokument oder in eine PowerPoint-Präsentation einarbeiten. Hierzu erstellen Sie die Karte in ArcMap in der Größe, die Sie später benötigen, berücksichtigen Sie dabei ggf. Platz für Kopfzeilen, etc.

Wählen Sie in ArcMap **Edit > Copy Map to Clipboard** und in Word oder PowerPoint **Bearbeiten > Inhalte Einfügen > Bild (erweiterte Metadatei).** Sie sollten die Karte in Word oder PowerPoint nicht mehr verändern und auch die Größe belassen, da dies unter Umständen zu Problemen beim Drucken führt.

Nachbearbeitung mit CorelDraw

Gerade für die Gestaltung der Signaturen stehen in ArcMap nur begrenzte Möglichkeiten zur Verfügung. Wenn Sie Signaturen verwenden wollen, die in ArcMap nicht verfügbar sind (z. B. Richtungspfeile oder Kartodiagramme mit Zählkästchen) oder Sie die Karte aus anderen Gründen nachbearbeiten müssen, sollten Sie die Karte in ArcGIS so weit wie möglich aufbauen und sie dann in eine Zeichensoftware übertragen. Ein verbreitetes vektororientiertes Zeichenprogramm ist CorelDraw, nicht zu verwechseln mit Corel PhotoPaint. Um eine ArcMap-Karte nach CorelDraw zu übertragen, gehen Sie wie folgt vor:

- Erstellen Sie die Karte in ArcMap.
- Verwenden Sie keine Punkt- oder Linienschraffuren, da diese beim Import in CorelDraw in Einzelobjekte aufgelöst würden.
- Entfernen Sie alle Umrisslinien von Choroplethen, da diese in CorelDraw als eigenständige Objekte übernommen werden.
- Wählen Sie **File > Export Map,** als Dateityp wählen Sie **EMF** und speichern Sie die Datei.
- Starten Sie CorelDraw und legen Sie ein neues, leeres Blatt an.
- Mit **Datei > Importieren** rufen Sie den Import-Dialog auf. Wählen Sie die **EMF-**Datei aus, wenn der Mauspfeil als Winkel anzeigt wird, klicken Sie an die Stelle, an welche die linke obere Ecke der Karte gesetzt werden soll. Der Import komplexer Dateien kann recht lange dauern.
- Die Karte wird als ein einziges Objekt importiert, Sie müssen die Gruppierung aufheben (rechte Maustaste auf das Objekt, im Kontextmenü **Gruppierung aufheben**). Auch das kann länger dauern.

- Sie können nun jedes Einzelobjekt nach Wunsch nachbearbeiten. Um z. B. die Farben zu verändern, rufen Sie im Kontextmenü eines Objekts **Eigenschaften** auf.

Obwohl Sie in CorelDraw wie auch in ArcGIS mit graphischen Daten arbeiten, unterscheiden sich die Systeme in zwei wesentlichen Punkten:

- CorelDraw behandelt die Darstellung nicht als Ausschnitt aus der Erdoberfläche, sondern als beliebige Zeichnung. Daher besitzen Objekte in CorelDraw auch keine Geo-Koordinaten.
- In CorelDraw liegt der graphischen Darstellung keine Datenbank zugrunde.

Diese beiden Punkte bilden den wesentlichen Unterschied zwischen Graphiksoftware und GIS-Systemen. Tabelle 16-1 stellt beide Arten von Software gegenüber.

| | GIS-Software | Graphiksoftware |
|---|---|---|
| Produktbeispiele | MapInfo Professional, ArcView, Smallworld GIS | Corel Draw, Adobe Illustrator |
| Objekte repräsentieren … | reale geographische Objekte (Entitäten) | graphische Formen |
| Attribute der Objekte | Zu geographischen Objekten gehörige Sachdaten | Graphische Eigenschaften (Farbe, Linienart, etc.) |
| Referenzsysteme | Geographische Projektionen und Koordinatensysteme | Blattkoordinaten und/oder Bildkoordinaten |
| Automatisierung | Umfangreich: Zuweisung von Signaturen zu Objekten anhand der Sachdaten, Erstellung von Signaturskalen (Legenden), etc. | Nicht vorgesehen |
| Graphische Manipulation der Objekte | Begrenzt | Sehr umfangreich |
| Datenauswertung | Möglich | Nicht möglich |
| Speicherprinzip | Vektorobjekte in Datenbank oder Raster | Vektorobjekte oder Raster |
| Erweiterungsmöglichkeiten | Umfangreich durch Programmierung | Begrenzt |

Tabelle 16-1: GIS- und Grafiksoftware

# 17 Zusammenfassung: Die Verarbeitung von Geodaten

Am Ende des Buches wollen wir die einzelnen Schritte bei der Erfassung, Aufbereitung und Visualisierung von Geodaten zu thematischen Karten rekapitulieren. Bei thematischen Karten existieren zwar keine eindeutigen Vorgaben, zu unterschiedlich sind die Anforderungen, Datenquellen und technischen Möglichkeiten bei jeder Karte, trotzdem versuchen wir, die wesentlichen Punkte nochmals strukturiert und kurz zusammenzufassen.

Planung

Natürlich können Sie ArcMap starten und anfangen, eine Karte zu erstellen. Dabei kann es passieren, dass Sie im Nachhinein eine entsprechende, bereits existierende Karte entdecken, dass Sie im Zuge der Bearbeitung erfasste Daten doch nicht benötigen, etc. Damit waren bereits geleistete Arbeiten und Investitionen umsonst, um dies zu vermeiden sollten Sie systematisch vorgehen.

Kommunikation

Beim Aufbereiten von Informationen als Karte müssen wir uns zuerst fragen:

- Welche Aussagen wollen, wir vermitteln?
- Ist die Darstellung der Inhalte, die wir vermitteln wollen, als Karte überhaupt sinnvoll?

Im Kontext wissenschaftlicher Texte oder Präsentationen dienen Karten vor allem der Kommunikation. Daher müssen Sie sich darüber im Klaren sein, was das Ziel der Karte ist (Warum glauben Sie, eine Karte erstellen zu müssen?) und an welche Zielgruppe sie sich richtet.

Definieren der Inhalte

Ist dies geklärt, definieren Sie, welchen Raumausschnitt Sie darstellen müssen und welche thematischen Ebenen die Karte enthalten muss. Nun sollten Sie prüfen, ob eine derartige Karte bereits existiert. Dies ist meist der Fall und Sie können sich viel Arbeit ersparen. Existiert die Karte noch nicht, müssen Sie sie selbst erstellen. In diesem Fall fragen Sie sich, wie die Karte genutzt werden soll. Muss also der Leser schnell Sachverhalte erkennen können (z. B. in einer Präsentation) oder soll er genaue Informationen ablesen können? Legen Sie außerdem einen kurzen und präzisen Titel für die Karte fest.

Formalia

Beantworten Sie folgende Fragen:

- Auf welchem Ausgabemedium müssen Sie die Karte darstellen (Papier, Bildschirm)?
- Bei Ausgabe auf Papier: Welches Papierformat bzw. welchen Maßstab müssen Sie verwenden?
- Bei Ausgabe als Datei: In welchem Dateiformat müssen Sie die Karte ausgeben?
- Müssen bzw. können Sie die Karte in Farbe, Graustufen oder Schwarz-Weiß ausgeben?
- Wann muss die Karte fertig sein, wie viel Zeit haben Sie also zur Verfügung?
- Wie hoch ist Ihr Kostenlimit, z. B. für Druck, Kauf von Daten, etc.?
- Handelt es sich um eine amtliche Karte? Bei diesen sind evtl. bestimmte Vorgaben zu beachten (z. B. PlanzV für Landschaftspläne, UTM-System, etc.).

Skizze

Skizzieren Sie grob auf einem Blatt Papier, wie die fertige Karte aussehen könnte (Kartenentwurf), erstellen Sie dabei ggf. mehrere Varianten und orientieren Sie sich möglichst an bestehenden Karten.

Kartengrundlage

Nun sollten Sie die Kartengrundlage bestimmen:

- Reicht ggf. eine (gescannte) Topographische Karte als Grundkarte aus?
- Muss die Darstellung winkel-, flächen-, längen- oder richtungstreu sein? Hieraus bestimmt sich die Wahl der Projektion.
- Wie aktuell muss die Kartengrundlage sein?
- Wie stark kann bzw. muss die Kartengrundlage generalisiert sein?
- Wie genau muss sie sein?

Damit besitzen Sie eine Vorstellung von Ihrer Kartengrundlage und können prüfen, ob eine passende Kartengrundlage existiert. Recherchieren Sie z. B. in Universitäts- und öffentlichen Bibliotheken, bei Vermessungsbehörden, bei Ämtern und bei kommerziellen Anbietern von Geodaten. In den meisten Fällen werden Sie feststellen, dass eine passende Kartengrundlage verfügbar ist, oftmals sogar in digitaler Form.

Wenn Sie vor der Entscheidung stehen, eine Kartengrundlage zu kaufen, von einer Papiervorlage zu digitalisieren oder selbst zu kartieren, wägen Sie Kosten- und Zeitaufwand ab. Berücksichtigen Sie evtl. bestehende Urheberrechte und bei digitalen Kartengrundlagen die möglichen Austauschformate mit Ihrer Software.

Datengrundlagen

Dieselben Regeln gelten für die Datengrundlage, also diejenigen Daten, die Sie kartographisch darstellen wollen. Auch hierbei ist zu hinterfragen, ob eine passende Datengrundlage bereits existiert und Ihnen zugänglich ist. Sollten Sie in öffentlichen Bibliotheken keinen Zugriff auf die Daten haben, müssen Sie diese wahrscheinlich von statistischen Ämtern, anderen Behörden, Marktforschungsinstituten, etc. beziehen. Verwenden Sie grundsätzlich nur Daten von seriösen Quellen. Um genau die Daten zu erhalten, die Sie brauchen, spezifizieren Sie präzise den benötigten zeitlichen, räumlichen und thematischen Bezug. Klären Sie im Vorfeld auch, ob bei der Nutzung und Verarbeitung der Daten rechtliche Aspekte zu beachten sind (Quellenangaben, Urheberrechte)?

Eigene Kartierung im Gelände

Wenn Sie mangels bestehender Karten oder Daten eine eigene Erfassung (Kartierung, Befragung) durchführen müssen, sind die wesentlichen Schritte:

- Legen Sie Ihre Untersuchungseinheiten fest.
- Bestimmen Sie, wie räumlich genau Sie kartieren müssen. Bestimmen Sie dabei auch, ob Sie Objekte punkt-, linien- oder flächenhaft erfassen müssen.
- Legen Sie die zu erfassenden Sachattribute genau fest (Name des Attributs, Erfassungsgenauigkeit, Einheit).
- Falls Sie anhand einer Grundkarte kartieren, legen Sie fest, wie Sie mit eventuellen Diskrepanzen zwischen der Grundkarte und der Situation vor Ort umgehen wollen.

Vorverarbeitung

Unter Umständen müssen Sie Ihre Primär- oder Sekundärdaten noch aufbereiten (vorverarbeiten), bevor sie kartographisch dargestellt werden können. Dies kann u. a. beinhalten:

- analoge Daten in ein digitales Format übertragen
- digitale Daten in ein anderes Dateiformat konvertieren
- detaillierte Daten räumlich oder thematisch aggregieren
- absolute Werte normieren
- bei Zeitreihen ggf. Bezugsjahre umbasieren
- eine Datenbank anlegen, die Daten einfügen und mit Metadaten dokumentieren

Auch die einzelnen Arbeitsschritte der Vorverarbeitung sollten dokumentiert werden, z. B. in einer einfachen Liste, um die einzelnen Verarbeitungsprozesse später nachvollziehen und ggf. wiederholen zu können.

Graphische Darstellung

Nachdem die Daten erfasst und entsprechend vorbereitet sind, folgt die graphische Gestaltung der Karteninhalte. Hierbei stehen Ihnen unendlich viele Variationsmöglichkeiten zur Verfügung, in jedem Fall sollten Sie für jede thematische Ebene überlegen:

- Handelt es sich um absolute oder normierte Daten? Hieraus bestimmt sich die Wahl der Signatur, bei normierten Daten kommen Choroplethen in Frage.
- Handelt es sich um qualitative oder quantitative Daten? Hieraus bestimmt sich die Wahl der Signaturabstufung.
- Handelt es sich um räumlich variable Daten (z. B. Pendlerbewegungen)? Hieraus bestimmt sich die Wahl der Signatur, bei räumlichen Variablen kommen z. B. Pfeilsignaturen in Frage.
- Bei Choropletehen: Sind diese als Flächenfüllung, Schraffur oder Strukturmuster auszuführen?

Nach dem Bearbeiten der Karteninhalte sollten Sie den Kartenrand gestalten. Hierzu gehören mindestens ein kurzer und präziser Titel, eine vollständige Legende, Name des Autors, Produktionsjahr, Angaben zu Karten- und Datengrundlage, bei Kartenserien eine Nummerierung sowie ggf. die Angabe von Maßstab und Richtung. Jedes dieser Elemente muss graphisch ansprechend gestaltet und sinnvoll positioniert werden.

Abschließende Prüfung

Ist das Kartenblatt soweit fertig gestellt, sollten Sie es einer abschließenden Prüfung unterziehen. Vergleichen Sie dabei die Karte mit ihren ursprünglich definieren Zielen: Ist eine Abweichung vorhanden und ist diese ggf. gerechtfertigt?

Dem Autor einer Karte erscheinen viele Aussagen und Arbeitsschritte selbstverständlich, daher empfiehlt sich, die Karte Außenstehenden zum Lesen, Interpretieren und Bewerten vorzulegen, z. B. Fachkollegen *(peer review)* oder Personen aus der Zielgruppe der Karte. Diese haben sich i. d. R. mit der Thematik weniger stark beschäftigt als der Autor der Karte und können daher die sachliche Richtigkeit der Inhalte nicht bewerten, aber anhand ihrer Aussagen kann der Autor erkennen, ob die Karte den Ansprüchen an Verständlichkeit, Vollständigkeit und Ästhetik genügt.

# Literatur


AdV (2005): ATKIS-Objektartenkatalog. (= www.atkis.de).

Arnberger, Erik (1997): Thematische Kartographie. 4. Auflage. Braunschweig.

Bacher Verlag GmbH (2004): Landkarten-ABC. Sulz-Kastell. (= www.bacher.de/landkarten_abc/index.html).

Bähr, Jürgen; Mertins, Günter (1995): Die lateinamerikanische Groß-Stadt. Verstädterungsprozesse und Stadtstrukturen. Darmstadt.

Bahrenberg, Gerhard; Giese, Ernst; Nipper, Josef (1999): Statistische Methoden in der Geographie. Stuttgart.

BayLaSt (Bayerisches Landesamt für Statistik und Datenverarbeitung) (Hrsg.) (2004): Statistisches Jahrbuch für Bayern 2004. München.

BayLaSt (Bayerisches Landesamt für Statistik und Datenverarbeitung) (Hrsg.) (2005): GENESIS-Online Statistisches Informationssystem Bayern. München. (= www.statistikdaten.bayern.de).

BayStLU (Bayerisches Staatsministerium für Landesentwicklung und Umweltfragen) (Hrsg.) (1994): Landesentwicklungsprogramm Bayern. München.

BayStWIVT (Bayerisches Staatsministerium für Wirtschaft, Infrastruktur, Verkehr und Technologie) (Hrsg.) (2005): Landesentwicklungsprogramm Bayern, Entwurf vom 12. 7. 2005. München. (= www.stmwivt.bayern.de/landesentwicklung/bereiche/instrume/lep05.htm).

Bill, Ralf (2004): Lexikon zur Geoinformatik. Rostock. (= www. geoinformatik .uni - rostock. de / lexikon . asp).

Bortz, Jürgen (1999): Statistik für Sozialwissenschaftler. Berlin u. a.

Brosius, Felix (1998): SPSS 8 – Professionelle Statistik unter Windows. Bonn.

Der Spiegel (Hrsg.) (2001): Öko-Sieg in Lappland? In: Der Spiegel 29/2001, S. 108.

Downs, Roger; Stea, David; Geipel, Robert (Hrsg.) (1982): Kognitive Karten: Die Welt in unseren Köpfen. New York (= UTB 1126).

EEA (Hrsg.) (1995): CORINE Land Cover. Copenhagen. (= http://reports.eea.eu.int/COR0-landcover/en).

ESRI (Hrsg.) (1996): Introduction to Map Design. Redlands.

ESRI (Hrsg.) (2002): Data & Maps. Redlands (CD-ROM).

EUROSTAT (Hrsg.) (1985): CORINE – Corine Land Cover Classification. Luxemburg. (= http://europa.eu.int/comm/eurostat/ramon/nomenclatures/index.cfm?TargetUrl=LST_NOM_DTL&StrNom=CORINE1995).

EUROSTAT (Hrsg.) (2002): Statistical Classification of Economic Activities in the European Community, Rev. 1.1 (NACE Rev.1.1). Luxemburg. (= http://europa.eu.int/comm/eurostat/ramon/nomenclatures/index.cfm?TargetUrl=LST_CLS_DLD&StrNom=NACE_1_1&StrLanguageCode=EN).

Fezer, Fritz (1976): Karteninterpretation. 2. Auflage. Braunschweig. (= Das Geographische Seminar).

Haas, Hans-Dieter; Scharrer, Jochen (1997): Tourismus auf den Karibischen Inseln. Entwicklung, Struktur und Auswirkungen des internationalen Fremdenverkehrs. In: Geographische Rundschau 11, S. 644–650.

Hake, Günter et al. (2002): Kartographie. 8. Auflage. Berlin/New York.

Hjelt, Paola (2004): The Fortune Global 500. In: Fortune Magazine, 7/26/2004, Band 150 Heft 2, S. 159–186.

Hüttermann, Armin (1978): Die topographische Karte als geographisches Arbeitsmittel. In: Der Erdkundeunterricht 26.

Hüttermann, Armin (1979): Karteninterpretation in Stichworten – Teil II: Geographische Interpretation thematischer Karten. Kiel. (= Hirts Stichwörterbücher).

Hüttermann, Armin (1993): Karteninterpretation in Stichworten. Teil I: Geographische Interpretation topographischer Karten. 3. Auflage. Berlin. (= Hirts Stichwörterbücher).

Hüttermann, Armin (1998): Kartenlesen – (k)eine Kunst. München (= Didaktik der Geographie).

Jaros-Sturhahn, Anke; Schachtner, Konrad; Bernroider, Edward (2003): Business Computing mit MS-Office 2003 und Internet. 3. Auflage. Berlin.

Jones, Christopher (1997): Geographical Information Systems and Computer Cartography. Essex.

Kraak, Menno-Jan; Ormeling, Ferjan (2002): Cartography: Visualization of Geospatial Data. 2. Auflage. Essex.

Monmonier, Mark (1993): Mapping it Out: Expository Cartography for the Social Sciences and Humanities. Chicago.

Muehrcke, Phillip C. (1986): Map Use: Reading, Analysis, and Interpretation. 2. Auflage. Madison.

NürnbergMesse (2005): Anreise mit der Bahn. (= www.nuernbergmesse.de).

O'Halloran, James Kevin (2001): Designing a Database – Understanding Relational Design. o. O. (= http://support.microsoft.com/default.aspx?kbid=283698).

Snyder, John P. (1987): Map Projections – A Working Manual. Washington. (= U.S. Geological Survey Professional Paper 1395).

Stahlknecht, Peter; Hasenkamp Ulrich (2004): Einführung in die Wirtschaftsinformatik. 10. Auflage. Berlin.

Wessel, Karin (1996): Empirisches Arbeiten in der Wirtschafts- und Sozialgeographie. München u. a. (= UTB 1956).

# Register


Abflachung 88
Äquator 87
ArcCatalog 58–61
ArcMap 73
ATKIS 15 f., 19, 38 f., 126 f.
Atttribut 42 f.
  Kartierung 52 f.

Branchenklassifikation 53–55

Charts (Diagramme)
  in ArcGIS 114
Choroplethen 115, 123, 137
CLC s. CORINE Land Cover Classification
CorelDraw 133 f.
CORINE Land Cover Classification 39–41, 58

Data Frame 107 f., 115
Data View 106, 108, 115
Daten (Statistik) 41–46
  und Signaturen 120–125
Datenbank 58, 61, s. a. Geodatenbank
Datenbankmodell 61–69
Datentyp 41–43
Datum 84–86
dBase 79
DBF-Datei s. dBase
Deutsche Grundkarte 16 f.
Digitalisieren 74–78, 127
Diskret 46
DLM (digitales Landschaftsmodell) 15–17, 39, 58
Dokumentation s. Metadaten
Druckertreiber 132
Dynamischer Datenzugriff s. OLE DB

Ellipsoid 83
Entität 37
Erläuterung s. Legende
ETRS-1989-Datum 103 f.
EUROSTAT s. Statistik
Export (Datei) 133 f.

Farbe 123 f.
Feature Class
  Datenmodell 61–63
  Erstellen 70 f.
  Signaturen 111–115
Gauß-Krüger-System 103 f.
Gebietsschlüssel s. Statistik
Genauigkeit 48
Generalisierung 8, 118 f.
Geodäsie 12
Geodaten
  Bezugsquellen 19, 126 f.
  Definition 36, 43
  Modell 36–41, 61–69, s. a. ATKIS, CORINE
Geodatenbank 58, 61
  in ArcGIS 70
  s. a. MDB-Datei
Geodätisches Datum s. Datum
Geographie 12
Geographische Koordinaten
  Definition 89–90
  und projizierte Koordinaten 93
  in ArcGIS 90–92
geographisches Gradnetz s. geographische Koordinaten
Geoid 84 f.
Georeferenzierung 76 f.
GIS-Software 68, 126
Globus 3
Gradnetz s. geographische Koordinaten
Graphiksoftware 134
GRS-80-Sphäroid 103 f.
Grundbuch 17
Grundgesamtheit 43 f.
Grundriss 7

HPGL 132
Hybride GIS 69

Importfunktion 78, 82, s. a. dBase, MS Excel, OLE DB
Intervallskala 45

Join 109–111

Karte (Definition) 6
Kartenblatt 12, 115
  Design 118–125
  in ArcGIS s. Layout View
Kartenfeld 12, 115
  in ArcGIS s. Data Frame
Karteninterpretation 31–35

Kartenrand 12
in ArcGIS 115–117
Kartenverwandte Darstellungen 3–6
Kartesische Koordinaten 86, s. a. projizierte Koordinaten
Kartierschema 55
Kartierung 47–57
Klassifikation 52–55
Kartographie (Def.) 11
Klassifikation
im Kartendesign 120
in Kartierungen 52–55
Branchenklassifikation 53, s. a. NACE
Kognitive Karten 29f.
Koordinaten s. geographische Koordinaten, projizierte Koordinaten

Landesvermessungsämter (LVA) 15, 19, 68, 126
Layer 107
Layout View 106, 108
Legende 10
in ArcGIS 116
s. a. Signaturen
Liegenschaftskarte 17
Liegenschaftskataster 17
Load-Funktion 82
Luftbild 3f.

Maßstab 6
in ArcGIS 116f.
MDB-Datei 59f., 70
Meridian 87
Metadaten 72
MS Excel 79–82
MS Powerpoint 133
MS Word 133
MXD-Datei 106, 132
s. a. Export (Datei)

NACE s. Branchenklassifikation
Namen
in ArcGIS 71
Nominalskala 44
Nullmeridian 89
NUTS 126, 130f., s. a. Statistik

ODBC 80–82
OLE DB 80–82
Ordinalskala 44

Parallelkreis 87
PCL 132
PDF 133
Plotter 132
Postleitzahlen 127
Postscript 132
Primärdaten 47, 126
Projektion
Auswahl 99f., 119f.
Definition 94
Prinzip 93
Varianten 95–99
s. a. UTM
s. a. Verzerrungsproblem
Projizierte Koordinaten
Definition 93, 104
und geographische Koordinaten 93
in ArcGIS 93, 100–102

Qualitative Daten 42, 44f.
und Signaturen 122
Quantitative Daten 42, 44f.
und Signaturen 122

Rasterdaten 66–69
Ratioskala 45
Raumdaten s. Geodaten
Räumliche Verteilung 49f.
Relate 110f.

Sachdaten 43
Bezugsquellen 127f.
in ArcGIS 78–82, 109–111
Sekundärdaten 47, 126–131
Shapefile 63
Signaturen 12
im ATKIS-OK 15
im Kartierschema 55
im Kartendesign 120–124
in ArcGIS 111–115, 120–125
Skalenniveau 44f.
Sphäroid 83–86
Koordinaten 86–88
Statistik (amtliche) 41–46, 127f.
in Deutschland 129–131
in der EU 129–131
Stetig 46
Stichprobe 43f.
Raumstichprobe 49–51
Symbology s. Signaturen

Thematische Karten
Definition 25
Funktionen 25
Interpretation 31–35
Topogramm 4
Topographische Karte
Definition 14

Eigenschaften 17 f.
Inhalte 15
Koordinaten s. UTM
Topologie 63–66

Untersuchungsgebiet 48
UTM (Universal Transverse Mercator)
Flächenberechnung 23 f.
Koordinatensystem 19–24, 103 f.
Projektion 20 f., 102 f.
Zonen 20

Variable 41–46
Vektordaten 61–66, 68 f.
Verebnung 7
Verwaltungsgrenzen s. Geodaten, Statistik
Verzerrungsproblem 99, 101
Volkszählung 129
Vollerhebung 49

Zweidimensionale Koordinaten s. projizierte Koordinaten